U0175754

A HUNDRED QUESTIONS
ABOUT RELATIVITY

牛顿科学馆

相对论百问

第3版

赵　峥———— 著

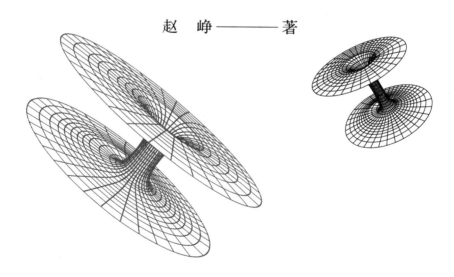

北京师范大学出版集团
BEIJING NORMAL UNIVERSITY PUBLISHING GROUP
北京师范大学出版社

第 3 版序言

本书第 1 版和第 2 版的出版，受到读者的普遍欢迎。许多读者反映，本书对于大学和中学的相对论教学有参考价值，能够帮助读者澄清相对论的基本概念和疑难问题，掌握相对论的精髓，了解爱因斯坦创建相对论的探索历程，了解相对论研究的前沿，诸如宇宙演化、黑洞、时空隧道和时间机器等方面的许多有趣问题。

本书第 2 版出版之后，广义相对论取得了突破性的进展，那就是引力波的直接发现。这一发现轰动了世界，打开了探索宇宙的另一扇窗口，极大地推动了相对论和宇宙学的研究。以往人类对宇宙的探索，完全基于电磁波和实物粒子带来的信息。这次观测到的引力波，是与电磁波和实物粒子本质不同的另一种信息来源。有人比喻，以前人类只能"看"宇宙，引力波则使人类可以"倾听"来自宇宙深处的"声音"。

有趣的是，首次直接观测引力波的 2015 年，恰是爱因斯坦发表广义相对论 100 周年，而公布这一发现的 2016 年，则正是爱因斯坦用广义相对论预言存在引力波的 100 周年。更为有趣的是，不仅引力波的理论是爱因斯坦首先提出的，而且用以实现引力波直接探测的激光理论，也是爱因斯坦首创的。

本书前两版中，对引力波只有比较简单的介绍，在这新的一版中，作者增加了不少介绍引力波理论及实验观测的内容。

此外，作者也对本书的其他部分做了一些补充和修订。例如，对于动质量是否应该称作质量的问题，对于爱因斯坦与希尔伯特的合作的问题等。

　　在本次修订过程中，作者得到了研究生王鑫洋、韩善忠等的帮助，北京师范大学出版社尹卫霞编辑对书稿做了仔细的审订，并提出了宝贵建议。作者对他们表示深切的感谢。第 3 版在前期修订中，还曾得到已故胡廷兰编辑的帮助，作者对她的不幸早逝表示哀悼。

赵　峥

2020 年 6 月于北京

第 2 版序言

相对论是青少年最感神奇，也觉得最为难懂的科学理论。不过，狭义相对论诞生（1905 年）至今已经 100 多年了，广义相对论也将要迎来它的 100 岁生日（1915 年），相对论已不再是最新的科学理论。今天的科学发展水平和教学条件已经完全有可能让青少年对相对论有一个初步的、基本正确的了解。这对于提高他们的科学素质，培养他们的创新精神和探究能力，增强他们的学习兴趣，拓宽他们对客观世界的认识都非常重要。

目前，大学物理专业的"普通物理"和"理论物理"课，以及非物理专业的"大学物理""近代物理"课中，都会讲授狭义相对论（一般不讲广义相对论）。中学课程改革后的高中物理课本中，也在选修部分加进了狭义相对论的初级内容。然而，由于相对论的时空观念与经典物理学以及人们生活中的直观感受有很大不同，教师和学生往往觉得理解起来非常困难。对于学生提出的五花八门的问题，教师感到难以招架。许多中学教师干脆略去课本中的相对论部分，反正是"选修"，不选也可以。大学教师无法略去不讲，于是下了很大功夫去钻研，但许多人仍感到底气不足，担心讲得不对误人子弟，也担心讲错了面子上过不去。

作者长期从事相对论的研究与教学，经常做科普讲座，同时参与了大学与中学的课程改革，对教师感受到的困难深有体会。

为了能够对大学和中学的相对论教学有所帮助，作者尝试把自己在长期学习、讲授、研究相对论的过程中积累的知识和体会，以"问答录"的形式写出来，与广大教师和同学交流探讨，希望有助于大家理解相对论，有助于大学和中学的相对论教学。

本书共分五个部分。第一部分"狭义相对论"是这本书的重点，它描述了当物体运动速度接近光速时所凸显出来的时空特性。出现在大学和中学教科书中的正是这一部分内容。所以本书列出了较多的问题从各个角度加以阐述。不仅对同时的相对性、动尺收缩、动钟变慢、双生子佯谬、质能关系等相对论效应做了尽可能清楚的讲解，而且对通常相对论书籍中很少解释的一些基本问题也着力加以说明，如狭义相对论最核心的思想是什么，爱因斯坦是如何完成最关键的思想突破的，为什么要"约定"（规定）光速，为什么光速在相对论中处于核心地位，为什么相对论的缔造者是爱因斯坦而不是其他人，等等。弄清这些问题对于教师把握相对论的理论至关重要。

第二部分"广义相对论"是狭义相对论的推广和发展，广义相对论认为万有引力不是一般的力，而是时空弯曲的表现。相对论专家惠勒这样形象地解释爱因斯坦的广义相对论："物质告诉时空如何弯曲，时空告诉物质如何运动。"本书在这一部分中，尽可能通俗地介绍了广义相对论的理论基础、框架和实验验证，并简明地讲解了它的数学工具——黎曼几何。广义相对论是爱因斯坦一生最得意的杰作。他曾说过："狭义相对论如果我不发现，5年之内就会有人发现；广义相对论如果我不发现，50年之内也不会有人发现。"

第三部分"黑洞"和第四部分"宇宙学"是目前相对论研究的两个最重要的前沿领域，也是青少年最感兴趣的、媒体上不断出现的科学内容。

黑洞最初被认为是一颗"只进不出"的看不见的星，后来发现黑洞有温度和热辐射。本书阐明了黑洞的这些特点，列出了最近关于黑洞理论的"打赌"和争论的问题，同时还介绍了伴随黑洞理论而升起的一颗科学界的明星——霍金。霍金是继爱因斯坦之后对相对论贡献最大的人。他曾说过一句名言："当爱因斯坦讲'上帝不掷骰子'的时候，他错了。对黑洞的思索向人们揭示，上帝不仅掷骰子，而且有时还掷到人们看不见的地方去了。"

　　本书在宇宙学部分，描绘了相对论给出的宇宙演化图像，有限无边的脉动宇宙模型和无限无边的膨胀宇宙模型，α、β 与 γ 提出的大爆炸学说及其观测验证。书中还简介了近年来宇宙学研究中的"暗物质""暗能量"概念，以及有关宇宙学红移和哈勃定律的最新解释：它们反映的不是多普勒效应，而是引力效应。本书还对神乎其神的虫洞（时空隧道）和时间机器做了简要解释，这些问题的讨论近年来进入了相对论研究的范围。不过本书对宇宙早期演化的细节着墨不多，相关的、大同小异的宇宙模型层出不穷。正如一位相对论专家所告诫的："千万别去追一辆公共汽车、一个女人或者一个宇宙学新理论，因为用不了多久，你就会等到下一个。"

　　本着给读者"一个真实的爱因斯坦"的精神，作者在第五部分"爱因斯坦"中，对这位相对论的缔造者做了尽量实事求是的描述。从中不仅能看出爱因斯坦的伟大，也能看到他独特的成才之路。特别值得注意的是：爱因斯坦对自发组织的读书俱乐部"奥林匹亚科学院"的肯定，对大学和中小学教育方式的批评，以及他对阿劳中学的赞扬。阿劳中学是他一生中唯一称赞过的学校："这所学校用它的自由精神和那些毫不依赖外部权威的教师的淳朴热情，培养了我的独立精神和创造精神，正是阿劳中学成了孕育相对论的土壤。"

　　本书共列出了 108 个问题，其中 36 个是与目前的大学和中学教学直接相关的狭义相对论问题，另外 72 个是关于广义相对论、黑洞、宇宙学和爱因斯坦生平的用以开阔视野的辅助性问题，问题的选择除了顾及知识性之外，还注意提供培养学生探究精神和创新能力的素材。

作者对写这样一本书原本有顾虑，主要是担心水平有限，难免出现错误。后来想起曾在一本书中看到华罗庚先生对陈景润先生讲过这样一句话：一个人要想一点错误都不犯，最好是什么都别写。于是作者以尽量少犯错误并虚心向读者求教的精神来写这本书，以期通过共同的探讨，求得共同的进步。如果本书能对我国大学和中学的相对论教学有一点帮助，作者写作本书的目的就达到了。

本书在写作过程中得到了作者的老师刘辽先生的鼓励与帮助。陆埮先生向作者介绍了有关宇宙学红移和爱因斯坦成就等方面的宝贵资料。裴寿镛教授为本书，特别是其中的狭义相对论部分，提了大量修改、补充意见，书中有些文字直接取自他的修改稿。写作期间一直得到国家自然科学基金的资助（10773002、10373003、10475013）。作者在此表示深切的感谢。

相对论组的研究生黄基利协助作者做了大量的工作，书稿的大部分内容是他帮助录入、整理的。周史薇、张聚梅等研究生也协助作者做了许多工作。本书的写作还得到郭玉英教授、胡镜寰教授、刘文彪教授、梁志国博士、范林编辑和北京师范大学出版社的支持。作者在此一并表示感谢。

赵　峥

2010 年 3 月于北京

飞花两岸照船红，

百里榆堤半日风。

卧看满天云不动，

不知云与我俱东。

　　　宋·陈与义

只闻白日升天去，

不见青天降下来。

有朝一日天破了，

大家齐喊"阿瘤瘤"！

　　　明·唐寅

目　录

一、狭义相对论

1. 什么是相对论？

相对论是爱因斯坦创立的一个关于时间、空间和物质三者之间关系的理论。它分为狭义相对论和广义相对论两个部分。

1905 年创立的狭义相对论是一个时空理论，描述不同惯性系之间的时空关系。

1915 年创立的广义相对论是狭义相对论的发展与推广，这是一个关于时间、空间和引力的理论。它讨论了时空与物质之间的关系，指出万有引力不是普通的力，而是一种几何效应，是时空弯曲的表现。

狭义相对论创始于爱因斯坦 1905 年发表的一篇论文。这篇名为《论运动物体的电动力学》的论文，探讨了惯性系之间的时空关系，指出对于做相对运动的不同惯性系而言，两个异地事件是否"同时"发生是一个相对的概念。也就是说，静止系中的观测者认为"同时"发生在不同地点的两件事情，运动观测者认为并不是"同时"发生的。除去"同时的相对性"之外，爱因斯坦还指出了"运动时钟变慢""运动刚尺缩短"等时空效应。在此后发表的文章中，他又指出物质的质量和运动速度有关，并得出著名的质能关系式 $E=mc^2$。式中 m，E 分别为物体的质量与能量，c 是真空中的光速。

由于爱因斯坦理论的核心公式（洛伦兹变换）与洛伦兹早先提出的公式在数学形式上完全相同，但在物理解释上完全不同，为了区分自己的理论和爱因斯坦的理论，洛伦兹把爱因斯坦的理论称为"相对论"。爱因斯坦接受了这一命名。顺便说一下，"洛伦兹变换"这个名字也不是洛伦兹本人命名的，而是著名数学家庞加莱建议的。

"相对论"原来是描述平直时空中惯性系之间时空关系的一个理论。1915年，爱因斯坦把这一理论推广到包括非惯性系和弯曲时空的情况中。他认为物质的存在会造成时空弯曲，万有引力就是时空弯曲造成的效应，实际上是一种几何效应，因而只与物体的能量和动量有关，与物体的具体物质结构和成分无关。他又认为时空弯曲会反过来影响物质的运动，质点在弯曲时空中的自由运动只与时空弯曲情况有关，与质点自身的物质结构和成分无关。他把自己的新理论看作是"相对论"的推广，称其为广义相对论，而把原先的"相对论"，称为狭义相对论。人们把狭义相对论与广义相对论合在一起简称为相对论。

在相对论诞生的前几十年中，大多数人认为平直时空中描写惯性系之间关系的时空理论属于狭义相对论，弯曲时空中的时空理论以及平直时空中涉及非惯性系的时空理论都属于广义相对论。

近几十年来，相对论界的普遍观点是把狭义相对论与广义相对论的分界线定义在平直时空和弯曲时空之间。这就是说，平直时空中的时空理论（包括惯性系的和非惯性系的）都属于狭义相对论，弯曲时空中的时空理论则属于广义相对论。

由于平直时空是弯曲时空的特殊情况，狭义相对论可以看作是广义相对论的一个组成部分。

2. 什么是以太理论？ 相对论诞生前夜以太理论遇到了哪些困难？

1801 年，托马斯·杨的双缝干涉实验表明，光是一种波动。大家都知道，水波的载体是水，声波的载体是空气或其他气态、液态、固态的物质。光既然是波，应该有一种载体。人们想起了古希腊哲学家亚里士多德的以太理论。

亚里士多德主张地球是宇宙的中心。月亮、太阳、水星、金星等天体都围绕地球转动，天体中离地球最近的是月亮。他认为"月下世界"由土、水、火、气 4 种元素组成，它们组成的万物都是会腐朽的。而比月亮离地球更远的"月上世界"是永恒不变的，充满了轻而透明的以太。不过亚里士多德认为，以太只存在于"月上世界"。19 世纪的学者们则进一步认为：以太充斥全宇宙。他们认为光就是以太的弹性振动，也就是说光波的载体就是以太。光能从遥远的星体传播到地球，表明以太不仅透明而且弹性极好。

相对论诞生前夜，实验观测引发了与以太理论有关的矛盾。

既然光波是以太的弹性振动，那么以太相对于地球是否运动？当时哥白尼的"日心说"已经被人们普遍接受，地球不是宇宙的中心。如果认为以太整体相对于地球静止，就等于倒退回"地心说"，大家无法接受这种看法。科学界认为比较合理的设想是：以太相对于牛顿所说的绝对空间静止，因而在绝对空间中运动的地球，应该在以太中穿行。这就是说，以太相对于地球应该有一个漂移速度。

天文学上的光行差现象似乎支持存在以太漂移。然而，迈克耳孙的精确实验却没有测到以太相对于地球的漂移速度。也就是说，作为介质的地球似乎带动了周围的以太跟自己一起运动。光行差现象认为地球(介质)运动没有带动以太,迈克耳孙实验又认为带动了以太,这一观测上的重大矛盾,就是开尔文勋爵在 1900 年英国皇家学会迎接新世纪的庆祝会上所谈的物理学的两朵乌云中的一朵。

此外,斐索的流水实验表明"流水"(运动介质)似乎部分地带动了以太,但又没有完全带动。

总之,光行差现象表明运动介质没有带动以太,迈克耳孙实验表明运动介质完全带动了以太(即以太相对于介质静止),斐索实验则表明运动介质部分地带动了以太,而又没有完全带动。这三个实验的结论相互矛盾。

洛伦兹等众多物理学家注意的是迈克耳孙实验与光行差现象的矛盾。爱因斯坦注意的则是斐索实验与光行差现象的矛盾。应该说,这两个矛盾都可以引导人们去创建相对论。

3. 什么是光行差现象?

所谓光行差现象(即光行差效应),是天文学家早就注意到的一种现象:观测同一恒星的望远镜的倾角,要随季节做规律性变化(图 1-1)。

此现象很容易理解。比如,不刮风的下雨天,空气不流动,雨滴在空气中垂直下落,站立不动的人应该竖直打

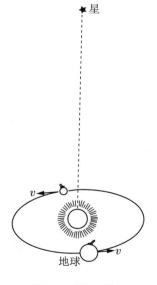

图 1-1　光行差现象

伞，跑动的人则应该把伞向跑动的方向倾斜，因为奔跑时空气相对于他运动，形成迎面而来的风，所以雨滴相对于他不再竖直下落，而是斜飘下来（图1-2）。如果有人想接雨水，无风时他应该把桶静止竖直放置。如果他抱着桶跑，则必须让桶向运动方向倾斜，雨滴才会落入桶中（图1-3）。

图 1-2　雨中打伞

图 1-3　接雨水的桶

　　恒星距离我们十分遥远（除太阳外，最近的恒星离我们也超过4光年），从它们射来的光可以近似看作平行光。星光在以太中运动，就像空气中的雨滴一样。如果地球相对于以太整体静止，望远镜只要一直指向星体的方向就可以了。然而地球在绕日公转，地球上的望远镜就像运动者手中的雨伞和水桶一样，必须随着地球运动方向的改变而改变倾角，只有这样才能保证所观测恒星的光总能落入望远镜筒内（图1-4）。

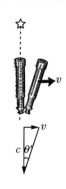

图 1-4　观测恒星的望远镜

光行差现象早在 1728 年就已被人们发现，1810 年又被进一步确认，此现象似乎表明地球在以太中穿行。当时科学界认为以太相对于绝对空间静止，因此地球相对于以太的速度也就是相对于绝对空间的速度。人们非常希望精确地知道这一速度，然而光行差现象的测量精度不够高，于是迈克耳孙试图用干涉仪来精确测量地球相对于以太的运动速度。

4. 迈克耳孙实验说明了什么？

迈克耳孙干涉实验如图 1-5 所示，A 为光源，D 为半透明半反射的玻片。入射到 D 上的光线分成两束，一束穿过 D 到达反射镜 M_1，然后反射回 D，再被 D 反射到达观测镜筒 T。另一束被 D 反射到反射镜 M_2，再从 M_2 反射回来，穿过 D 到达观测镜筒 T。

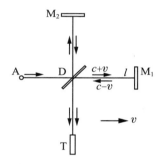

图 1-5　迈克耳孙干涉实验示意图

把此装置水平放置，v 为以太漂移方向（与地球公转方向相反）。DM_1 沿以太漂移方向，DM_2 与以太漂移方向垂直。

在迈克耳孙干涉装置中运动的光波，就像在河中游泳的人一样。如图 1-6 所示，河水以速度 v 相对于河岸流动，河宽 $AB=l_0$。一个游泳的人从 A 点出发以速度 u（相对于河水）游到下游 C 点，再返身以同一速度 u 游回 A 点，AC 的长度与河宽相等，即 $AC=l_0$。再让同一游泳者以速度 u（相对于河水）从 A 点出发游向对岸的 B 点，到达后再以同一速度游回出发点 A 点。但要注意，由于水往下游流，横渡者的游泳方向不能垂直于河岸，那样的话他将被

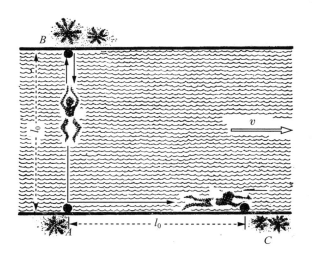

图 1-6　在水中游泳的人

河水往下冲，不可能恰好抵达 B 点，返回时也会出现同样的情况。为了从 A 点游到 B 点，游泳者游动的方向必须向上游倾斜一个角度，如图 1-7 所示。所以游泳者垂直渡河的速度应是 $u' = \sqrt{u^2 - v^2}$。虽然游泳者横渡的距离与向下游游动的距离都为 l_0，但两种情况所需的时间却不同，时间差为

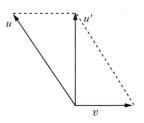

图 1-7　渡河速度合成图

$$\Delta t = \frac{l_0}{u+v} + \frac{l_0}{u-v} - \frac{2l_0}{\sqrt{u^2 - v^2}} \qquad (1.1)$$

迈克耳孙干涉仪中的光波，就像上面所说的游泳者，河水好比漂移的以太，河岸相当于地球。河水相对于河岸的流动可类比以太相对于地球的漂移。虽然距离 DM_1 与 DM_2 相同，但光波经过这两段距离所需的时间却由于以太的漂移而不同，用光波相对以

太的速度 c 取代 u，我们用同样的分析可知二者的时间差为

$$\Delta t = \frac{l_0}{c+v} + \frac{l_0}{c-v} - \frac{2l_0}{\sqrt{c^2-v^2}} \approx \frac{l_0}{c}\left(\frac{v^2}{c^2}\right) \tag{1.2}$$

这就是说，光经过 DM_1 所需的时间比经过 DM_2 所需的时间要长。

迈克耳孙把干涉仪在水平面上转 $90°$，让 DM_2 沿以太漂移的方向，DM_1 则垂直以太漂移方向。这时光经过 DM_2 的时间反而比经过 DM_1 的时间长。

仪器装置转动 $90°$ 的结果是使到达观测镜 T 的两束光所经历的时间差了 $2\Delta t$，导致光程差改变

$$2c\Delta t \approx 2l_0\left(\frac{v^2}{c^2}\right) \tag{1.3}$$

这将引起这两束光形成的干涉条纹产生相应的移动。遗憾的是迈克耳孙没有测出干涉条纹的移动，在误差精度内，条纹的移动是零。迈克耳孙及其助手曾采取多种措施提高实验精度，但结果仍然是零。

光行差现象告诉人们以太相对于地球有漂移，迈克耳孙实验则没有测到这种漂移。这就是相对论诞生前夜物理学遇到的一个严重困难，即开尔文所说的乌云中的一朵。

5. 相对论诞生前夜电磁理论遇到了什么困难？

相对论诞生的前夜，除去以太理论导致的困难之外，物理理论还遇到了另一个困难：麦克斯韦电磁理论似乎与伽利略变换矛盾。

19 世纪下半叶，麦克斯韦从介质的弹性理论导出了一组电磁场方程，虽然今天我们知道从介质的振动去推导电磁场方程既不正确也无必要，但麦克斯韦所得到的结论还是正确的，他对电磁

理论的贡献仍是伟大卓越的。

从麦克斯韦电磁方程组出发，可以得到一个重要结论：电磁波以光速传播。人们很快认识到光波实际上就是电磁波。在电磁理论中，真空中的光速是一个恒定的常数。所谓真空，就是只存在以太，不存在其他介质的空间。伽利略相对性原理告诉我们，力学规律在一切惯性系中都是相同的(注意，伽利略论证的相对性原理，是仅对力学规律而言的，因此又被后人称为力学相对性原理)。如果把这一相对性原理加以推广，使之对电磁学规律也成立，那么麦克斯韦电磁方程组就应在所有惯性系中都一样，这就是说，光速在任何惯性系中都应相同，都应是同一个常数 c。按照牛顿的观点，所有相对于绝对空间静止或做匀速直线运动的参考系都是惯性系，惯性系之间可以差一个相对运动速度 v。依照速度(矢量)叠加的平行四边形法则，电磁波(即光波)的速度如果在惯性系 A 中是 c，那么，在相对于 A 以速度 v 运动的另一个惯性系 B 中，就不应再是 c 了。当 c 与 v 反向时应是 $c+v$，而当 c 与 v 同向时，则应是 $c-v$。但是，麦克斯韦电磁理论和相对性原理明确无误地告诉我们，光速在所有惯性系中都只能是 c，不能是 $c+v$ 或 $c-v$。那么，毛病出在哪里呢？

回顾一下上面的讨论，不难看出，我们用了以下一些原理：

(1)麦克斯韦电磁理论，它要求真空中的光速只能是常数 c。

(2)相对性原理，它要求包括电磁理论在内的所有物理规律在一切惯性系中都相同。

(3)伽利略变换，即作为速度叠加原理的平行四边形法则，它被当作伽利略相对性原理的数学体现。

就是这三条原理导致了上述矛盾。

6. 什么是洛伦兹收缩?

相对论诞生之前，以太理论在人们的头脑中根深蒂固，虽然物理理论遇到了重大困难，而且迈克耳孙实验与光行差实验也暴露出深刻的矛盾，绝大多数人(包括洛伦兹、庞加莱这样的物理学和数学大师)仍然不怀疑以太的存在，不怀疑"光波是以太的弹性振动"。

为了保留以太理论，同时克服上述理论困难和实验困难，当时最杰出的电磁学专家洛伦兹决定放弃相对性原理。他想保留麦克斯韦电磁理论，同时解决迈克耳孙实验与光行差实验的矛盾。为此，他提出，以太相对于绝对空间是静止的。麦克斯韦电磁理论只在相对于以太(即绝对空间)静止的惯性系中成立。光波相对于以太(绝对空间)的速度是 c，相对于运动系的速度不再是 c。他又提出一个新效应，即相对于绝对空间运动的刚尺，会在运动方向上产生收缩:

$$l = l_0 \sqrt{1 - \frac{v^2}{c^2}} \tag{1.4}$$

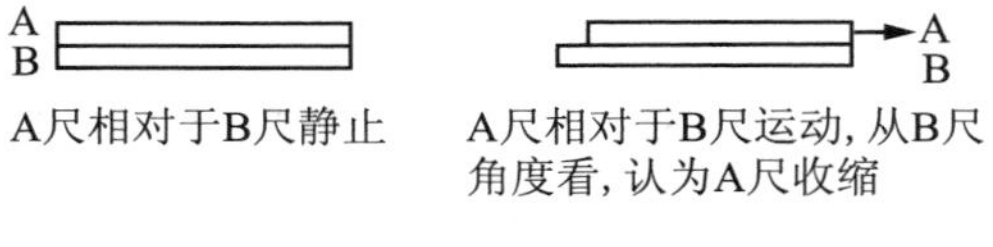

A尺相对于B尺静止　　　A尺相对于B尺运动，从B尺
　　　　　　　　　　　角度看，认为A尺收缩

图 1-8　洛伦兹收缩

这一收缩被称为洛伦兹收缩(图 1-8)。式中 l_0 是刚尺相对于绝对空间静止时的长度，l 是刚尺相对于绝对空间以速度 v 运动时的长度，c 是真空中的光速。洛伦兹等人认为这种"收缩"是物理学家以前不知道的一种新的物理效应。此效应可以解释为何迈克耳孙实

验观测不到地球相对于以太的运动。这是因为沿运动方向放置的干涉仪的臂长发生了洛伦兹收缩，缩短了光程，这一效应抵消了地球相对以太运动带来的光程改变。

$$\Delta t = \frac{l}{c+v} + \frac{l}{c-v} - \frac{2l_0}{\sqrt{c^2-v^2}} = 0 \qquad (1.5)$$

他们认为洛伦兹收缩是物理的，会引起收缩物体内部结构和物理性质的变化。

需要说明的是，洛伦兹是 1892 年提出上述收缩假设的，爱尔兰物理学家斐兹杰惹声称自己早在 1889 年就提出了这一收缩假设，并开始在课堂上给学生讲授。然而当时大家看到的斐兹杰惹的有关论文最早是 1893 年发表的，晚于洛伦兹的。斐兹杰惹去世后，他的学生为了给自己的老师讨个公道，翻查各种文献，终于在英国出版的《科学》杂志上查到了 1889 年斐兹杰惹投给该刊的讨论这一收缩的论文。由于斐兹杰惹投稿给《科学》不久，该刊就倒闭了，斐兹杰惹以为自己的文章没有登出来，事实上此文登在了该刊倒闭前的倒数第二期上。看来，斐兹杰惹发现这一收缩确实早于洛伦兹。所以洛伦兹收缩应该称为洛伦兹-斐兹杰惹收缩。

7. 什么是洛伦兹变换，它与伽利略变换有何不同？

洛伦兹等人进一步认为，作为伽利略相对性原理的数学体现的伽利略变换

$$\begin{cases} x' = x - vt \\ y' = y \\ z' = z \\ t' = t \end{cases} \qquad (1.6)$$

应当被放弃，而代之以新变换(庞加莱称其为洛伦兹变换)

$$
\begin{cases}
x' = \dfrac{x - vt}{\sqrt{1 - \dfrac{v^2}{c^2}}} \\[2em]
y' = y \\[0.5em]
z' = z \\[1em]
t' = \dfrac{t - \dfrac{v}{c^2}x}{\sqrt{1 - \dfrac{v^2}{c^2}}}
\end{cases}
\tag{1.7}
$$

式中(x, y, z, t)为一个指定的事件在相对于以太(即绝对空间)静止的惯性系中的空间坐标和时间坐标，(x', y', z', t')为同一个事件在运动惯性系中的空间坐标和时间坐标。x'轴与x轴重合，y'轴与y轴、z'轴与z轴分别平行，运动方向沿x轴。v是运动系相对于静止系(绝对空间)的速度，c是光速。这里，除去公式上的数学差异外，物理上还有一个重要区别：(1.6)式表示的是任意两个惯性系之间的变换，(1.7)式表示的是惯性系相对于绝对空间的变换。即(1.6)式中的速度v只是两个惯性系之间的相对速度，与绝对空间无关。而(1.7)式中的v却是惯性系相对于绝对空间的绝对速度。(1.7)式中的(x, y, z, t)特指相对于绝对空间静止的惯性系的空间坐标和时间坐标。

从洛伦兹变换可以推出刚尺收缩公式(1.4)。而且麦克斯韦电磁方程在洛伦兹变换下形式不变(不过，洛伦兹认为，用洛伦兹变换算得的、用运动坐标系表示出的电磁量及其他物理量或几何量，都没有测量意义，因而不能看作是真实的量，只是一种表观的量)。伽利略变换不具备这两个优点。洛伦兹等人用公式(1.4)和(1.7)克服了迈克耳孙实验造成的困难，代价是抛弃了相对性原理。

　　需要补充说明的是，佛格特早在 1887 年就提出了类似于洛伦兹变换的变换，但有错误。洛伦兹知道佛格特的工作，但没有足够注意。首先给出洛伦兹变换正确形式的是英国物理学家拉摩，他于 1898 年给出了这一变换。后来斐兹杰惹也独立给出了洛伦兹变换的正确形式。而洛伦兹本人则是在 1904 年发表这一变换的。上述事实表明，一个重要的科学结论，在条件接近成熟的时候，往往会被许多学者分别独立地发现。

8. 狭义相对论建立在哪两条公理的基础之上？

　　狭义相对论建立在相对性原理和光速不变原理这两条公理的基础之上。

　　相对性原理是说，物理规律在所有惯性系中都相同。需要强调，这里所说的相对性原理已经是伽利略相对性原理的推广。伽利略相对性原理只针对力学效应，这里谈论的相对性原理针对一切物理效应。按照此原理，在一个惯性系中静止并被封闭的观测者(即看不见外界，如被封闭在一个没有窗户的车厢或船舱中的观测者)不可能用任何实验(不管是力学的、电学的、光学的还是其他的)检验自己所处的惯性系是在做匀速直线运动还是处于静止状态。例如，被封闭在车厢中的观测者，无法用任何实验检验自己的车厢是静止在铁路上，还是沿铁路在做匀速直线运动。

　　光速不变原理是说，真空中的光速在任何惯性系中都是同一个常数 c，与光源相对于观测者的运动无关。这就是说，光速是绝对的。不管观测者是相对于光源静止，还是迎着或顺着光射来的方向运动，他测得的光速都是同一个 c。这条公理与人们通常的生活经验似乎有很大抵触。

9. 相对性原理最初是如何提出的？

自古以来各国人民都对运动的相对性有粗浅的认识。例如，在我国汉朝的《尚书纬·考灵曜》中就有一段话："地恒动而人不知，譬如闭舟而行不觉舟之运也。"（该书虽已失传，但在许多中国古文献中皆有引用，文字略有出入，大意一致。）这段叙述比伽利略提出的相对性原理早 1500 年。

再如，我国宋朝的陈与义曾在诗中写道：

> 飞花两岸照船红，
>
> 百里榆堤半日风。
>
> 卧看满天云不动，
>
> 不知云与我俱东。

但是，应该强调，第一个运用科学语言正确描述相对性原理的是伽利略。在《关于托勒密和哥白尼两大世界体系的对话》一书中，他运用思想实验来详细阐述自己的思想：

塞尔维特斯（代表伽利略的观点）：……设想把你和你的朋友关在一艘大船的舱板下最大的房间里，里面招来一些蚊子、苍蝇以及诸如此类有翅膀的小动物。再拿一个盛满水的大桶，里面放一些鱼；再把一个瓶子挂起来，让它可以一滴一滴地把水滴出来，滴入下面放着的另一个窄颈瓶子中。于是，船在静止不动时，我们看到这些有翅膀的小动物会以同样的速度飞向房间各处；看到鱼会毫无差别地向各个方向游动；又看到水滴全部落到下面所放的瓶子中。而当你把什么东西扔向你的朋友时，只要他和你的距离保持一定，你向某个方向扔时不必比向另一个方向扔用更大的力。如果你在跳远，你向各个方向会跳得同样远。尽管看到这一切细节，但是没有人怀疑，如果船上情况不变，当船以任意速度运动时这一切应当照样发生。只要这运动是均匀的，不在任何方向发生摇摆，你不能辨别出上述这一切结果有丝毫变化，也不能靠其中任何一个结果来推断船是在运动还是静止不动。这种等价关系产生的原因是，船的运动是船中一切事物也包括空气在内所共有的；我的意思是假定这些事物都被关在房间里……

塞格瑞得斯（聪明的外行）：虽然我在航海时从来没有想过要试验这些现象，可我相信它们会像你说的那样发生。为了证实这一点，我想起了我在船舱里经常不知道船究竟是在动还是静止不动；有时我猜想船是朝某个方向行驶的，但其实它是朝另一个方向走。所以我承认并确信前面提出的所有证明相反说法的实验都毫无价值……

伽利略当时提出的相对性原理，是仅对力学规律而言的，所以在物理学史上被称为力学相对性原理。此相对性原理是说，所有的惯性系都是平等的，不能用任何力学实验来区分一个系统是静止的还是在做匀速直线运动。这一原理后来被推广为对任何物理实验均成立，成为物理学最重要的基石之一。推广后的相对性原理是说，所有的惯性系都是平等的，不能用任何物理实验来区分一个系统是静止的还是在做匀速直线运动。今天，不管是经典物理学，还是爱因斯坦的相对论都要用到它。

10. 牛顿的"水桶实验"是怎么回事？ 牛顿与马赫如何解释这一实验？

牛顿的《自然哲学之数学原理》一书构建起了经典力学的大厦。

在该书中牛顿假设存在一个绝对空间，所有相对于绝对空间静止或者做匀速直线运动的参考系被定义为惯性系。牛顿大体上坚持了相对性原理，他认为这些惯性系是平权的、等价的，无法用实验来区分它们之间的相对运动，以及它们相对于绝对空间的运动，自己的力学三定律和万有引力定律就在这些惯性系中成立。不过，绝对时空的概念与相对性原理是抵触的。

牛顿为了论证绝对空间的存在，设计了一个著名的思想实验——水桶实验。

牛顿认为，所有的匀速直线运动都是相对的，我们不可能通过速度来感知绝对空间的存在。但是，牛顿断言，转动是绝对的！或者说加速运动是绝对的。牛顿设计了著名的水桶实验来说明自己的观点。

一个装有水的桶，最初桶和水都静止，水面是平的[图 1-9(a)]。然后让桶以角速度 ω 转动，刚开始时，水未被桶带动，这时候，桶转水不转，水面仍是平的[图 1-9(b)]。不久，水渐渐被桶带动而旋转，直到与桶一起以角速度 ω 转动，此时水面呈凹形[图 1-9(c)]。然后，让桶突然静止，水仍以角速度 ω 转动，水面仍是凹形的[图 1-9(d)]。

在情况(a)和(c)中，水相对于桶都静止，但水面在(a)时是平的，在(c)时是凹的。而在情况(b)和(d)中，水相对于桶都转动，但水面在(b)时是平的，在(d)时是凹的。显然，水面的形状与水

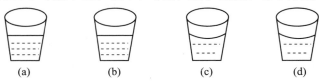

图 1-9　水桶实验

和桶的相对转动无关。水面呈凹形是惯性离心力造成的。惯性离心力的出现既然与水相对于桶的转动无关，那么与什么有关呢？牛顿认为，与绝对空间有关。惯性离心力产生于水对绝对空间的转动。牛顿认为，转动是绝对的，只有相对于绝对空间的转动才是真转动，才会产生惯性离心力。推而广之，加速运动是绝对的，只有相对于绝对空间的加速才是真加速，才会受到惯性力。通过水桶实验，牛顿论证了绝对空间的存在。

　　力学理论的伟大成功，使牛顿在物理界成为"绝对权威"。然而，即使这样也有勇敢的挑战者。与爱因斯坦同时代的奥地利物理学家马赫不相信存在绝对空间。他断言一切运动都是相对的，转动也不例外，根本就不存在什么绝对空间和绝对运动。为了维护运动相对性的见解，马赫也针对水桶实验阐述了自己的看法。他认为，不存在绝对空间。转动不是绝对的，而是相对的。产生惯性离心力是水相对于全宇宙物质（遥远星系）转动的结果。全宇宙的物质在相对于水转动的时候，与水相互作用，从而使水受到了惯性离心力。按照马赫的见解，惯性起源于全宇宙所有物质施加的综合影响。构成桶的物质在相对于水转动的时候，当然也会对水施加影响，但是与整个宇宙相比，构成桶的那点物质就微乎其微了，其影响完全可以忽略。由于地球及太阳系的质量，与遥远星系的质量相比也可以忽略，所以，又可以说惯性起源于遥远星系施加的影响。这种认为惯性力起源于物质间的相互作用，而且与引力有着相同或相近的物理根源的思想，后来被爱因斯坦总结为马赫原理。

　　青年爱因斯坦读过马赫的著作《力学史评》，对马赫十分钦佩，完全拥护他的观点，认为一切运动都是相对的。马赫的思想对爱因斯坦建立相对论产生了重大影响。马赫关于运动相对性的见解，促使爱因斯坦坚持相对性原理，走向狭义相对论的创建。马赫关于惯性起源于物质间相互作用的见解又引导爱因斯坦走向广义相对论的创建。他在广义相对性原理、马赫原理和等效原理的基础上构建起了广义相对论。

爱因斯坦认为自己的广义相对论符合马赫原理。但后来的深入研究表明，广义相对论与马赫原理并不一致。这就是说惯性力的起源问题还没有搞清楚，牛顿水桶实验所揭示的疑难至今仍然存在。

想不到这样一个人人都可以做的、看似毫不起眼的水桶实验，隐含着至今尚未解决的物理学基本问题——惯性效应的根源究竟是什么，引得一代代的物理学家去探索其中的奥秘。

11. 相对论诞生前夜，物理学界对相对性原理有什么争论？

麦克斯韦电磁理论出现之后，一些人对相对性原理产生了怀疑。这是因为在电磁理论中，真空中的电磁波速度是一个常数 c。当时已经认识到光波就是电磁波，这就是说，麦克斯韦理论要求真空中的光速是一个常数。相对性原理要求所有物理规律在一切惯性系中都相同，电磁理论当然也不例外。这就要求所有惯性系中的光速都是同一个常数 c。这和常识似乎大有抵触。从常识看，相对于光源静止的观测者测得的光速如果是 c，那么迎着光束以速度 v 运动的观测者测得的光速应该是 $(c+v)$，顺着光传播方向以速度 v 运动的观测者测得的光速应该是 $(c-v)$。怎么可能这三个观测者测得的光速都是同一个常数 c 呢？因此，以当时最卓越的电磁专家洛伦兹为代表的学者主张放弃相对性原理，认为光速只在相对于绝对空间静止的那种惯性系中是 c，也就是说光速只相对于绝对空间是 c，对于众多的相对于绝对空间做匀速直线运动的惯性系，光速就不再是 c 了。从上述情况可以看出，在洛伦兹的脑海中，牛顿的绝对时空观占统治地位。

当时最卓越的数学家庞加莱（他同时也进行理论物理的教学与研究）认为相对性原理应该坚持。他多次对洛伦兹的观点提出批评和建议，并在爱因斯坦建立相对论的前后，正确、严格地表述了相对性原理。洛伦兹也在庞加莱的批评下对自己的理论做了一些修补，但他仍没有跳出绝对时空观的束缚。实际上，庞加莱本人也没有真正放弃绝对时空观，他一直相信以太理论，承认以太实质上就是承认绝对空间的存在。

从目前的史料看，爱因斯坦在建立相对论时深受马赫的影响，他似乎对洛伦兹和庞加莱的工作知之不多。爱因斯坦多次谈到马赫对自己的影响。正是马赫的一切运动都是相对的，根本不存在绝对空间和绝对运动的论述，以及马赫对以太是否存在的质疑（他认为没有任何实验证明以太存在），使爱因斯坦坚信相对性原理是必须坚持的一条根本原理，是一条科学的真理，而以太理论是可以放弃的。

12. 光速不变原理是如何建立的？

爱因斯坦赞同马赫对牛顿绝对时空观的批判，认为一切运动都是相对的，相对性原理应该是一条基本的自然规律，应该坚持。他又认为，麦克斯韦电磁理论是经过大量实验证实的理论，也应该坚持。

　　在麦克斯韦电磁理论中，真空中电磁波的速度是一个常数 c。光波是电磁波，因此真空中的光速就是这个常数 c。如果相对性原理与电磁理论都成立，麦克斯韦电磁方程在所有惯性系中就都相同，真空中的光速在所有惯性系中也将都是同一个常数 c。这将得出光速与观测者相对于光源的运动速度无关的结论。也就是说，不管光源相对于观测者静止，还是相对于观测者运动，观测者测得的光速都是同一个值 c。这似乎与生活常识及牛顿力学中的速度叠加法则相抵触。按照速度叠加法则，迎着光线以速度 v 运动的观测者，测得的光速应该是 $(c+v)$，与光同方向以速度 v 运动的观测者，测得的光速应该是 $(c-v)$。如果同时承认麦克斯韦电磁理论和相对性原理，就将得出与生活常识及速度叠加法则相矛盾的结果。爱因斯坦觉得这真是个难解之谜。

　　洛伦兹和其他不少资深学者也都或多或少地感受到了这个难解之谜。洛伦兹等人反复思考的结果是放弃相对性原理，他们认为麦克斯韦电磁理论只对以太参考系（即相对于绝对空间静止的那类特殊惯性系）成立。他们走入了歧途。但爱因斯坦反复思考后走上了正确道路。

　　爱因斯坦在阿劳中学学习时就考虑过一个思想实验：假如一个观测者以光速运动，追光，这个观测者应该看到一个不依赖于时间的波场。但是谁都没有见过这种情况。这个有趣的问题表明，人似乎不可能追上光，光相对于观测者一定有运动速度，通常的速度叠加法则好像对光的传播问题不适用。这个思想实验不时浮现在爱因斯坦的脑海中。

　　此外，爱因斯坦知道，天文望远镜对双星轨道的观测（图 1-10），支持光速与光源运动速度无关的观点。如果光速与光源运动速度有关，双星中向着我们运动（趋近）的那颗星发出的光和背离我们运动（远离）的那颗星发出的光，飞向地球的速度将不同。这将导致两颗星同时发出的光会一先一后到达我们眼中；或者说我们同时看见的这两颗星的图像，产生的时间不是同一时刻。如果真是这样，我们看到的双星轨道应该产生畸变。但天文观测没有发现这种畸变，双星轨道是正常的椭圆。这支持了光速与光源运动速度无关的看法。

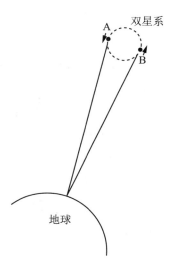

图 1-10　对双星轨道的观测

经过长时期的思考，爱因斯坦终于解开了这个难解之谜。他认识到速度叠加法则并非物理学的根本原理，这个法则也不等价于相对性原理的数学表达。光速的绝对性（即光在所有惯性系中的速度都是同一个常数 c）才是一条应该坚持的基本原理，他称其为"光速不变原理"，并把光速不变原理和相对性原理一起作为自己的新理论（相对论）的基石。

13. 爱因斯坦是如何建立狭义相对论的？

爱因斯坦没有注意洛伦兹等人的工作，也没有注意迈克耳孙实验，他主要抓住的是斐索实验与光行差实验的矛盾。光行差与迈克耳孙实验的矛盾体现在运动介质是否拖动以太上。光行差现象表明，作为介质的地球完全没有拖动以太；迈克耳孙实验则表明，似乎地球完全拖动了附近的以太。斐索实验研究了流水对光

速的影响，其结论是作为介质的流水似乎部分地拖动了以太，但
又没有完全拖动。这也与光行差现象认为运动介质完全不拖动以
太的结论相冲突。爱因斯坦认识到解决上述矛盾最简单的方法就
是放弃以太理论，不承认有以太存在。

爱因斯坦深受马赫的影响。马赫曾勇敢地批判占统治地位的
牛顿的绝对时空观，认为根本就不存在绝对空间和绝对运动，也
不存在以太，一切运动都是相对的。爱因斯坦接受马赫相对运动
的思想，认为以太理论和绝对空间概念都应该放弃。他认为伽利
略变换不等于相对性原理。他考虑了麦克斯韦电磁理论（包括真空
中的光速 c 是常数的结论）、相对性原理与伽利略变换之间的矛盾。
认为麦克斯韦电磁理论和相对性原理比伽利略变换更基本。他认
识到，如果既坚持相对性原理又坚持麦克斯韦电磁理论，就必须
承认真空中的光速在所有惯性系中都是同一个常数 c，即必须承认
光速不变。他把光速不变看作一条基本原理，称为光速不变原理。
注意，光速不变原理不是说在同一惯性系里真空中的光速处处均
匀各向同性，是一个常数 c，而是说在任何惯性系中测量，真空中
的光速都是同一个常数 c，光速与光源相对于观测者的运动速度
无关。

爱因斯坦是在长时间的反复思考之后，才得出这一原理的。
早在他的相对论论文发表之前一年多，他就认识到相对性原理和
麦克斯韦电磁理论都是被大量实验证实的理论，都应该坚持。但
这样导致的光速不变结论似乎与建立在伽利略变换基础上的速度
叠加法则以及人们的日常观念相矛盾，爱因斯坦觉得这真是个难
解之谜。

1905 年 5 月的一天，他带着这一问题专门拜访了他的好友贝

索（"奥林匹亚科学院"的一位成员）。经过一下午的讨论，爱因斯坦突然明白了，问题出现在"时间"上，通常的时间概念值得怀疑。"时间并不是绝对确定的，时间与信号速度之间有着不可分割的联系。有了这个概念，前面的疑难也就迎刃而解了。"他认识到如果坚持把相对性原理和光速不变（即光速与观测者相对于光源的运动速度无关）都看作公理，异地时钟的"同时"将是一个相对的概念。5周之后，爱因斯坦开创相对论的论文就寄给了杂志社。

　　贝索是一个一事无成者的典型。他一生都在听课、学习，课听了一门又一门，书学了一本又一本。他还喜欢与别人争论，反驳别人的意见，但从不想自己去完成一件独立的工作。这次与爱因斯坦的讨论，大大地启发了爱因斯坦，但他自己并未搞清启发了爱因斯坦什么。当爱因斯坦感谢他在讨论中帮助了自己时，他感到茫然。爱因斯坦在这篇创建相对论的划时代论文的最后感谢了贝索对自己的帮助和有价值的建议。贝索十分激动，说："阿尔伯特，你把我带进了历史。"

　　爱因斯坦1922年在日本京都的一次演讲中曾提到他与贝索的这次讨论。讨论使他认识到两个地点的钟"同时"，并不像人们通常想象的那样，是一个"绝对"的概念。物理学中的概念都必须在实验中可测量，"同时"这个概念也不例外。而要使"同时"的定义是可测量的，就必须对信号传播速度事先要有一个约定。由于真空中的光速在电磁学中处于核心地位，爱因斯坦猜测应该约定（或者说"规定"）真空中的光速各向同性而且是一个常数，在此基础上来校准两个异地的时钟，即定义异地时间的同时。研究表明，在约定光速并承认光速的绝对性（光速不变原理）的基础上定义的同时将是一个相对的概念。我们看到，定义两个地点的钟同时，必须首先约定光速各向同性而且是一个常数。要在做相对运动的所有惯性系中，都用对光速的同一个约定来定义异地时钟的同时，则必须假定光速是绝对的。爱因斯坦曾经与贝索等人一起阅读过庞加莱的书《科学与假设》，还可能阅读过他的另一篇文章《时间的测量》。在这些著作中庞加莱议论过时间测量与光速的内在联系。庞加莱猜测，要测量时间，要校准不同地点的钟，可能首先要对光速有一个约定。与贝索的讨论可能使爱因斯坦想起了庞加莱的观点，不过爱因斯坦未明确指出这一点。此外，与贝索的讨论还可能再次使爱因斯坦想到了他在阿劳中学读书时考虑过的那个思想实验：以光速运动的观测者将看到光是不依赖于时间的波场，但从未有人见过这种情况，所以比较自然的想法是，光不可能相对任何观测者静止，对任何观测者都一定做相对运动。

爱因斯坦能够从纷乱的理论探讨和实验资料中，认识到应该把光速看作绝对的，并毅然提出这一全新的观念，是极其难能可贵的。在光速不变原理和相对性原理的基础上，他推出了两个惯性系之间的坐标变换关系，这个关系就是洛伦兹等人早已得出的变换公式(1.7)。不过，爱因斯坦是在不知道洛伦兹等人的工作的情况下，独立推出这一公式的。更重要的是，爱因斯坦对公式(1.7)的解释与洛伦兹完全不同。洛伦兹认为相对性原理不正确，认为存在绝对空间(以太)，变换公式(1.7)中的速度 v 是相对于绝对空间的，因而，变换公式(1.7)描述的是相对于绝对空间运动的惯性系与绝对空间静止系之间的关系。爱因斯坦则认为，相对性原理成立，不存在绝对空间，不存在以太，公式(1.7)描述的是任意两个惯性系之间的变换，v 是这两个惯性系之间的相对速度，与绝对空间的概念根本没有关系，所以他赞同把自己的理论叫作相对论。

我们看到非常有趣的情况，相对论的最主要的公式洛伦兹变换，是洛伦兹最先给出的，但相对论的创始人却不是洛伦兹而是爱因斯坦。应该说明，这里不存在篡夺科研成果的问题。洛伦兹本人也认为，相对论是爱因斯坦提出的。在一次洛伦兹主持的讨论会上，他对听众宣布，"现在，请爱因斯坦先生介绍他的相对论"。之所以如此，是因为洛伦兹一度反对相对论，他还曾与爱因斯坦争论过相对论的正确性。特别有趣的是，"相对论"这个名字不是爱因斯坦起的，而是洛伦兹起的。在争论中，为了区分自己的理论和爱因斯坦的理论，洛伦兹给爱因斯坦的理论起了个名字——"相对论"。爱因斯坦觉得这个名字与自己的理论还比较相称，于是接受了这一命名。

14. 什么是同时的相对性？

我们介绍一下相对论的核心观念——同时的相对性。

在人们日常的观念中，两个事件是否发生在同一个地点，不是绝对的，具有相对性。例如，在公共汽车上，汽车启动的时刻，一位乘客把钱交给售票员，然后售票员把票交给乘客。这两件事，在车上的人看来，发生在同一地点（车厢的同一位置）。但在车下的人看来，乘客把钱交给售票员时，车正启动，还在车站。当售票员把票交给乘客时，车已开了一段距离，已不在车站。所以，车下的人认为，这两件事发生在不同的地点（以地面为参考系），前一件事发生在汽车站内，后一件事发生在汽车站外。"同地"的这种相对观念，是人们熟知的，大家不以为怪。

然而，在日常观念中，人们认为"同时"却是绝对的，两个事件是否同时发生，具有绝对意义。例如，在公共汽车的头尾各放一个鞭炮（即使在不禁放爆竹的城市，这也是被绝对禁止的！），如果车上的人认为这两个鞭炮是同时响的，那么车下的人当然也认为是同时响的。这就是"同时"的绝对性，以往没有任何人怀疑"同时"的这种绝对性。但是，光速的绝对性要求"同时"必须是一个相对的概念。在相对论中，车上的钟是用约定光速各向同性而且是一个常数 c 来校准的；车下的钟也是用同一个约定（光速是同一个常数 c）来校准的。这样，车上观测者认为同时发生的两件事，车下的人会认为不是同时发生的，反之亦然。这就是说，相对论告诉我们，"同时"和"同地"一样也是相对的。因而在车上的人看来，车头、车尾同时发生的两件事，对车下的人来说，只要车在运动，这两件事就不会是同时发生的。

　　爱因斯坦在《狭义与广义相对论浅说》一书中叙述了以下例子。如图 1-11 所示，考虑一列火车沿站台驶过的情况，这时有两个闪电分别击中了站台上的 A 点和 B

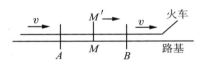

图 1-11　同时的相对性

点。静止于 AB 这段距离中点 M 的站长，同时看到来自 A 处和 B 处的闪光，由于光速各向同性，他认为"闪电击中 A"与"闪电击中 B"是两个同时发生的事件。

　　然而事件 A 和事件 B 也分别对应于火车上的 A 点和 B 点。下面我们将看到在火车上静止于 AB 这段距离中点 M' 的车长不认为这两个事件是同时发生的。站台上的人认为，闪电同时击中 A 与 B 时，位于列车上 M' 点的车长恰好与位于站台上 M 点的站长相遇。由于光信号的传播需要时间，沿着 $A \rightarrow B$ 方向行驶的火车，在闪电击中 A、B 两点，闪光传到车长眼睛的这段时间里，已向车头 B 的方向移动了一段距离。所以虽然静止于 M 点的站长会同时看到来自 A、B 两处的闪光，但车长将先看到来自车头 B 的闪光，后看到来自车尾 A 的闪光。车长静止于列车 AB 的中点，他也认为在他的参考系（火车系）里光速各向同性，既然先看到闪电击中 B，后看到闪电击中 A，他当然认为事件 A 与事件 B 不是同时发生的，"闪电击中 B"是先发生的事件，"闪电击中 A"则是后发生的事件。

"同时"的这种相对性，与人们的日常观念大不相同，很难被接受。为什么我们通常感觉不到"同时"的相对性呢？那是因为，这种相对性只有在物体的运动速度接近光速（每秒约 30 万千米）时，才会明显表现出来。我们通常接触的汽车、飞机甚至火箭，运动速度都太小了，所以我们感觉不出这点差异。

15. 怎样从洛伦兹变换导出同时的相对性？

下面我们给出同时的相对性的数学推导。

爱因斯坦在相对论中独立给出了两个惯性系 S 和 S′ 之间的洛伦兹变换，公式与洛伦兹给出的(1.7)式完全相同。S′ 系的 x' 轴与 S 系的 x 轴重合，y'，z' 轴分别与 y，z 轴平行。S′ 系沿 x 轴正向相对于 S 系以匀速 v 运动。在 $t=0$ 时，$t'=0$，而且这时 x' 轴的原点与 x 轴的原点重合。上式把 S 系看作静止系，把 S′ 系看作运动系，反映了静止在 S 系中的观测者的观点。由于运动的相对性，S′ 系中的观测者会认为 S′ 系是静止的，S 系相对于他以速度 $-v$ 做匀速运动，他所选用的洛伦兹变换应是上式的逆变换，容易看出，这个逆变换是

$$\begin{cases} x = \dfrac{x' + vt'}{\sqrt{1 - \dfrac{v^2}{c^2}}} \\[4mm] y = y' \\[2mm] z = z' \\[2mm] t = \dfrac{t' + \dfrac{v}{c^2}x'}{\sqrt{1 - \dfrac{v^2}{c^2}}} \end{cases} \qquad (1.8)$$

我们假设，在 S 系中，沿 x 轴静止放置了一列已同步好的钟，它们指示的时间是 t。在 S′系中沿 x'轴也静止放置了一列同步好的钟，它们指示的时间是 t'。现在，我们来讨论这两个惯性系之间的时空关系。

设在 S 系中，t_1 时刻在 x_1 处发生了一件事，t_2 时刻在 x_2 处发生了另一件事，这两件事的时间差 dt 和空间差 dx 分别为：$dt = t_2 - t_1$，$dx = x_2 - x_1$。现在把公式(1.7)的第 4 式微分，得

$$dt' = \frac{dt - \dfrac{v}{c^2}dx}{\sqrt{1 - \dfrac{v^2}{c^2}}} \qquad (1.9)$$

如果在 S 系中看，这两件事同时发生，那么 $t_1 = t_2$，$dt = 0$。但是，只要这两件事发生的地点不同，$dx = x_2 - x_1 \neq 0$，从(1.9)式就会得到 $dt' \neq 0$，这就是说，在 S′系看来，这两件事没有同时发生。

反过来也是一样，把公式(1.8)的第 4 式微分可得

$$dt = \frac{dt' + \dfrac{v}{c^2}dx'}{\sqrt{1 - \dfrac{v^2}{c^2}}} \qquad (1.10)$$

从此式可以看出，在 S′系中同时发生的两件事($dt' = 0$)，只要不发

生在同一地点（d$x'\neq0$），那么在 S 系中看，这两件事就不是同时发生的（d$t\neq0$）。

我们看到，相对论预言了同时的相对性。在一个惯性系中不同地点同时发生的事件，在另一个相对于它运动（$v\neq0$）的惯性系中看，并不同时发生。

理解同时的相对性，是弄懂相对论的关键。

16. 相对论如何解释洛伦兹收缩？

运动刚尺的收缩效应[公式（1.4）]，是斐兹杰惹和洛伦兹等人最先提出的。但他们认为，这是刚尺相对于绝对空间运动时发生的效应。刚尺只有在相对于绝对空间运动时才会发生收缩，如果刚尺只是相对于某个惯性系运动，相对于绝对空间并不运动，则不会发生收缩。他们认为这是一种真实的物理效应，发生这种效应时，构成刚尺的原子的结构会发生变化，甚至原子内部的电荷分布也会发生变化。爱因斯坦的相对论也认为有这种收缩，但他认为这种收缩是相对的，是一种时空效应，发生这种效应时，构成刚尺的原子结构和原子内部的电荷分布都不会发生任何变化。相对论还认为，运动刚尺的收缩是相对的，两个做相对运动的刚尺，都会认为对方缩短，这与同时的相对性有关。总之，洛伦兹收缩与绝对空间没有关系，相对论认为根本不存在绝对空间。

现在我们来看，如何从相对论得出运动刚尺收缩的结论。

我们分别把公式（1.7）的第 1 式与公式（1.8）的第 1 式微分，得

$$\mathrm{d}x'=\frac{\mathrm{d}x-v\mathrm{d}t}{\sqrt{1-\dfrac{v^2}{c^2}}} \tag{1.11}$$

和
$$dx = \frac{dx' + v dt'}{\sqrt{1 - \dfrac{v^2}{c^2}}} \tag{1.12}$$

设尺 A 静止在 S′系中,沿 x' 轴放置,长度为 dx'。由于尺 A 静止在 S′系中,所以 S′系中测得的尺 A 的长度 dx' 就是尺 A 的静止长度 l_0,即 $dx' = l_0$。测量静止的尺的长度,可以分别测量它的两端的空间坐标(不要求同时测量,即不要求 $dt' = 0$),然后相减。在 S 系中看,尺 A 是动尺,由于尺 A 在运动,静系 S 中的观测者必须"同时"去测量动尺 A 的两端。S 中的"同时"意味着 $dt = 0$,从 (1.11) 式可得 S 系测得的尺 A 运动时的长度为 $l = dx$,

$$dx = dx' \cdot \sqrt{1 - \frac{v^2}{c^2}} \tag{1.13}$$

即
$$l = l_0 \cdot \sqrt{1 - \frac{v^2}{c^2}} \tag{1.14}$$

反过来,设 B 为与 A 相同的尺,把它静置在 S 系中,沿 x 轴放置。由于 B 静止在 S 系中,所以 S 系测得的尺 B 的长度 dx 就是它的静止长度 l_0。对于 S 系中的观测者,由于 B 尺不动,他可以先测 B 尺一端的空间坐标,再测另一端的空间坐标,然后相减,不必"同时"去测 B 尺的两端,即不要求 $dt = 0$。另一方面,尺 B 相对于 S′系运动,在 S′中系必须"同时"测量它的两端(即 $dt' = 0$,注意此处不能用 $dt = 0$,$dt' = 0$ 表示 S′系中的"同时",而 $dt = 0$ 则表示 S 系中的"同时")。从 (1.12) 式可知,在 S′系中测得的尺 B 运动时的长度 $l = dx'$,

$$dx' = dx \cdot \sqrt{1 - \frac{v^2}{c^2}} \tag{1.15}$$

它同样可表示为 (1.14) 式的形式。

以上讨论表明，无论从哪个参考系看，运动的尺都一定会产生洛伦兹收缩。

17. 什么是动钟变慢效应？

运动时钟变慢也是相对的。两列平行放置、相对运动的钟，让对方的一个钟依次与自己的一系列钟比较，都会认为对方的（相对于自己运动的）钟变慢。

如图 1-12 所示，设钟 A 固定在 S′系中。在 S 系中看，它以速度 v 运动，在运动过程中，它与 S 系中已同步好的一列钟依次相遇，可以相互比较时间。由于 A 钟固定在 S′系的一个点上，$dx'=0$，所以从（1.10）式可得

$$dt = dt' / \sqrt{1 - \frac{v^2}{c^2}} \qquad (1.16)$$

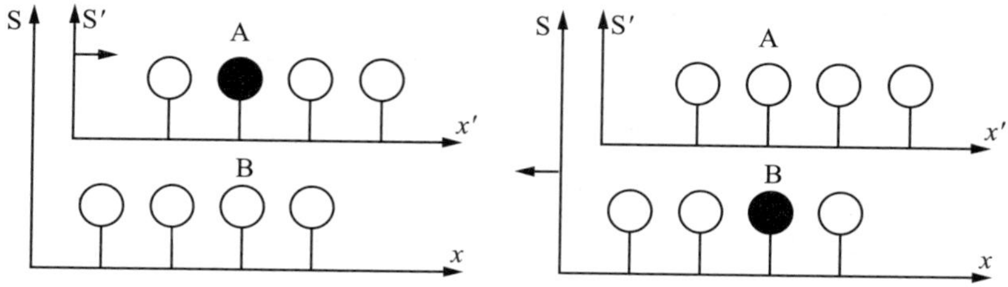

图 1-12　动钟变慢

它表明，当 A 钟走过时间 dt' 时，S 系中的钟将走过时间 dt。（1.16）式中的分母小于 1，所以有 $dt > dt'$。A 钟每走 1 s（$dt' = 1$ s），S 系中的钟必走过大于 1 s 的时间（$dt > 1$ s）。所以，在 S 系中看，运动的 A 钟变慢了。

反之，一个固定在 S 系中的钟 B，在 S′系看来，也是一个以速

度 v 运动的钟。它依次与静置于 S' 系（沿 x' 轴放置）中的一列钟相遇。由于这列钟已校准同步，B 可与它们相互比较时间。因为 B 钟固定在 S 系的一个点上，$dx=0$，注意 dx 只出现在(1.9)式中，不出现在(1.10)式中，我们现在利用(1.9)式来讨论。$dx=0$ 将导致

$$dt' = dt \Big/ \sqrt{1 - \frac{v^2}{c^2}} \tag{1.17}$$

这表明动钟 B 每走 1 s($dt=1$ s)，S' 系中的钟将走过大于 1 s 的时间($dt'>1$ s)。结论是，在 S' 系中的观测者看来，运动的 B 钟变慢了。

上述时钟变慢效应是真实的，已被大量实验所证实。例如，μ 子是不稳定的，会衰变成电子和中微子。实验表明静止的 μ 子的平均寿命为 2.2 μs，但当它以速度 0.995c 运动时，寿命延长为 22 μs，延长的时间与(1.16)式算出的精确一致。

然而，这里讨论的时钟变慢效应又是相对的。S 系和 S' 系中的观测者都认为对方的钟是动钟，都认为动钟变慢了。那么，到底谁对呢？都对。动钟是选定的一个钟，静钟则是一系列钟，正是这一个动钟相对一系列静钟变慢了。

再强调一下，在动钟变慢的讨论中，总是用一个钟（动钟）和一系列钟（静钟）比较。变慢的一定是那个单一的钟。对于初学相对论的人，记住这一点可以少犯错误。

对于任何一个静钟而言，特定的动钟只与它相遇一次，就一去不复返了。如果要让这个动钟返回来，再与它比较，就必须使动钟反向加速，这时，动钟就不再属于惯性系了。仅用上述讨论解决不了这一难题。我们将在"双生子佯谬"中探讨动钟返回的问题。

18. 什么是双生子佯谬?

相对论中有一个著名的双生子佯谬,这个佯谬是相对论诞生初期,法国物理学家郎之万提出来的。该佯谬说,有双胞胎兄弟 A 与 B,A 一直生活在地球上,B 乘宇宙飞船到外星球去旅行,回来时 B 将比 A 年轻。如果飞船加速到接近光速,然后再返回,B 将比 A 年轻许多,可能 A 已是老头子了,B 还很年轻。这种貌似天方夜谭的事情,真是可能的吗? 相对论回答说,这是可能的,而且是千真万确的,星际旅行者将比他留在地球上的双胞胎兄弟年轻。

现在让我们来解释这一佯谬。我们每个人都可以看作三维空间中的一个质点,静止的人,上下前后左右都固定,在三维坐标系中就是一个不动的点。三维空间再加上时间,就变成了四维时空。由于时间总在不停地流逝,任何物体和人都必须与时俱进,所以三维空间中的质点,在四维时空中一定会描出一条线。

我们用一条横坐标轴代表三维空间,纵坐标代表时间,三维空间中静止的质点(如人)在此四维时空中描出一条与时间轴(t 轴)平行的直线。匀速运动的质点,由于位置随时间变化,将描出一条斜线。变速运动的质点将描出一条曲线。这种描述质点在四维时空中位置变化的曲线或直线,在相对论中称为世界线。其中做惯性运动的质点描出的世界线称为测地线(或短程线),在平直时空的惯性系中,测地线就是直线。相对论中,一个质点描出的世界线的长度是用伴随它运动的真实的钟所走的时间来参数化的。所以质点描出的世界线的长度,与它经历的真实时间成正比。换句话说,质点描出的世界线的长度就是它经历的真实时间,在相对论中称为该质点的固有时间。

图 1-13 中直线 a，就是留在地球上
的双胞胎中的 A 描出的世界线，地球绕
日的运动可以忽略不计，因此 A 的空间
位置可近似看作不变，A 描出的世界线
可以近似看作测地线。曲线 b 是星际旅
行者 B 描出的世界线。他的飞船先加速，
接近外星球时减速，降落，然后再启动

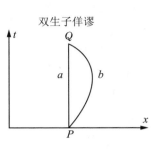

双生子佯谬

图 1-13　双生子佯谬

返回地球，先加速，接近地球后减速，最后降落，与他留在地球
上的同胞兄弟相会。显然，曲线 b 不是测地线。

我们已经讲过，相对论认为世界线 a 的长度就是留在地球上
的兄弟 A 经历的时间，b 的长度就是进行星际旅行的兄弟 B 经历
的时间，从图中可以看出，a 线与 b 线不一样长，也就是说，双胞
胎兄弟二人经历了不同长度的时间。哪一个人经历的时间长呢？
看图后有人可能会认为 b 比 a 长，看来 B 会比 A 老。这不是与我
们前面说的矛盾吗？双生子佯谬不是说 B 比 A 年轻吗？怎么会反
过来呢？其实，并没有反过来，你之所以认为 b 线比 a 线长，是犯
了用欧氏几何的习惯来判断闵氏几何曲线长短的错误。我们通常
用的几何是欧氏几何，斜边的平方等于两条直角边的平方和（$\mathrm{d}l^2 = \mathrm{d}x^2 + \mathrm{d}y^2$），所以两点之间以直线距离为最短。但在相对论中，四
维时空的几何不是欧氏的，而是闵氏的，闵氏几何属于伪欧几何。
在这张用闵氏几何表达的时空图中，斜边的平方等于两条直角边
的平方差（$\mathrm{d}\tau^2 = \mathrm{d}t^2 - \dfrac{1}{c^2}\mathrm{d}x^2$，式中 τ 为固有时，即质点世界线的长
度），两点之间以直线距离为最长。所以曲线 b 比直线 a 短，B 经
历的时间也就比 A 短。双胞胎中的星际旅行者经历的时间比地球

上的同胞兄弟经历的时间短。因此返航会面时，B 将比 A 年轻。

也许有人会说，你的上述说法都是以地球为静止参考系的，飞船跑出去，又跑回来。如果以飞船为静止参考系，在飞船上的人看来，自己没有动，地球跑向远方，又跑回来。这样不就会得出相反的结论，认为地球上的 A 比飞船上的 B 年轻吗？

这种说法是不对的。参考系确实可以任意选择，运动也是相对的，即速度是相对的，三维加速度（即我们通常谈论的相对加速度）也是相对的；但四维加速度（又称固有加速度，即亲历者自身感受到的、与惯性力成正比的加速度）是绝对的。

这就是说，观测者 A 与 B 的固有加速度是否为零，有没有受到惯性力，是否在做惯性运动，是绝对的。

双生子佯谬问题本质上是讨论图中 P、Q 两点之间有没有最长线，哪一条是最长线的问题。欧几里得空间中两点间一定有最短线，它就是连接这两点的直线。研究表明，闵可夫斯基时空中有因果关系的两点之间没有最短线，但有最长线，它就是做惯性运动的质点描出的测地线。具体到我们讨论的情况，就是图 1-13 中 A 描出的那条直线。如果换一个参考系，换一张图（如上例中以飞船为参考系的情况），A 描出的线形式上可能不是直线，但 A 做惯性运动，固有加速度为零，它描出的世界线一定是测地线。B 的固有加速度不为零，不做惯性运动，它的世界线一定不是测地线。因此，究竟哪一条是测地线，这一点是绝对的，也就是说四维时空中世界线的长度是绝对的，它不随坐标变换、参考系或观测者的选择而改变。换句话说，时空几何是绝对的。所以，A 描出的世界线最长，A 经历的时间最长，A 比 B 老。这个结论是绝对的，是时空几何决定的，与参考系的选择无关。

19. 什么是多普勒效应?

人们都知道，站在铁路边的人，会感到迎面而来的火车的叫声非常尖利刺耳，离他远去的火车的叫声则显得低沉。这是声音传播的多普勒效应的表现。当声源向人靠近时，听者会感到声波的频率变大；当声源离听者远去时，他又会感到声波的频率变小。

光源的运动同样会产生多普勒效应，当光源向我们趋近时，光波波长会变短（频率增高），光谱线会向蓝端移动：

$$\nu = \nu_0 \sqrt{\dfrac{1+\dfrac{v}{c}}{1-\dfrac{v}{c}}} \qquad (1.18)$$

而当光源远离我们而去时，光波波长会变长（频率降低），光谱线会向红端移动：

$$\nu = \nu_0 \sqrt{\dfrac{1-\dfrac{v}{c}}{1+\dfrac{v}{c}}} \qquad (1.19)$$

式中 ν_0 为光源发出的光的频率，ν 为观测者接收到的光波频率，v 为光源相对于观测者的运动速度。

不过，光学多普勒效应与声学多普勒效应有很大不同，声学多普勒效应是一种非相对论的经典效应。而光学多普勒效应则由两部分组成，一部分是光源趋近或远离观测者造成的效应；另一部分是光源相对于观测者运动造成的狭义相对论的时间延缓效应，即动钟变慢效应。这是由于固定在光源上的钟，相对于观测者来说是动钟，观测者觉得光源上的钟变慢（光源上的一切物理过程均变慢），因而原子光谱的频率会变小，从而对多普勒效应做出贡献。

当光源相对于观测者没有径向运动（即径向距离不发生变化），只有横向运动时，动钟变慢造成的这一部分相对论效应依然存在，称为横向多普勒效应。其表达式为

$$\nu = \nu_0 \sqrt{1 - \frac{v^2}{c^2}} \qquad (1.20)$$

人们把(1.18)式与(1.19)式所示的效应称为纵向多普勒效应。它既含有光源趋近、远离造成的效应，又含有动钟变慢造成的效应。纵向多普勒效应既有红移（观测者与光源远离时），也有蓝移（观测者与光源趋近时），横向多普勒效应则只有红移，没有蓝移。不难看出，横向多普勒效应是 $\frac{v^2}{c^2}$ 级的，纵向多普勒效应则是 $\frac{v}{c}$ 级的。由于通常 $v \ll c$，所以横向多普勒效应比纵向多普勒效应弱得多。

这里应该说明：多普勒效应所讨论的是观察者接受的频率与静止光源辐射光的频率的关系，是观察者直接看到的结果。而前面的动钟变慢、动尺收缩则不是观察者"观看"的效果。例如，动尺收缩只是一个测量结果。一个运动的球发生洛伦兹收缩，因为球的各个部分到观察者的距离不同，这些部分的光线到达观察者眼中的时间就有先后，于是在静止的观察者看来，不是球变扁了，而是球转了一个角度。

20. 星际飞船上的宇航员会看到什么景象，感受到哪些相对论效应？

高速飞行的星际飞船上的宇航员会看到两种景象，一种是多

普勒效应造成的，另一种是光行差现象造成的。

由于多普勒效应，飞船前方的星体射来的光会发生蓝移，后方和侧面星体射来的光会发生红移。因此，宇航员觉得前方的星体颜色变蓝，后方的星体颜色变红。侧面的星体由于横向多普勒效应，也会略微变红。

光行差现象会使宇航员觉得侧面的星体向正前方聚集，后面的星体移向自己的侧面。总之，正前方好像是一个"吸引"中心，随着飞船速度的增加，所有的星体都向那里集中，后方的星体越来越少。从地球起飞，正在远离太阳系的飞船上的宇航员，会觉得太阳系不在飞船的正后方，而在侧后方，飞船越接近光速，太阳系看起来越远离正后方，随着飞船速度的增加，太阳系从自己的侧面向侧前方移动。当飞船的速度非常接近光速时，他将看到太阳系处于自己的侧前方，飞船的后方已经没有任何星体了。飞船正在逃离太阳系，而在宇航员看来，太阳系不位于飞船的后方，而位于侧前方，这是多么奇妙的情景啊！

图 1-14 显示，当宇宙飞船向北极星飞去时宇航员看到的景象。当飞船速度远小于光速时，宇航员看到的天象与地面上的人看到的相同，北极星位于正前方，北斗、仙后等星座围绕着它，南天的星座都看不到。当速度达到光速的一半时，宇航员前方的景象大大变化了，北极星周围的星座都在向中央趋近，挤到虚线范围以内，原来出现在飞船后面的天蝎座和天狼星（大犬座 α 星）也都进入前方的视野。当飞船速度加快到 $0.9c$ 时，南天的十字座和老人星等（这些位于南天的星，生活在地球北半球的人原本看不到）也出现在前方了。飞船速度再进一步趋近光速时，整个南天的星系就都挤到前面去了。

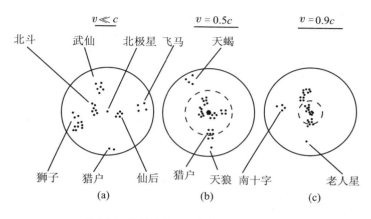

图 1-14　飞船速度不同时宇航员看到的景象

在图 1-2 和图 1-3 中，我们曾用打雨伞的人和接雨水的桶来比喻天文学中的光行差现象。从中容易理解，在运动观测者看来，光线（即图中的雨滴）的来源方向会向自己的正前方聚集。所以，高速飞行的飞船上的宇航员，会观察到所有星系都向正前方汇聚的现象。

上述多普勒效应和光行差现象与飞船发动机是否关闭，飞船是否做加速运动无关，只与飞船的运动速度有关。

宇航员除看到上述两种景象之外，还会感受到其他一些相对论效应，如失重和双生子佯谬造成的效应。

当飞船关闭发动机、加速度为零时，宇航员会处于完全失重的状态，这时飞船沿测地线飞行。当飞船加速时，宇航员将感受到惯性力，飞船转动时，他们将感受到惯性离心力和科里奥利力。由于等效原理，在飞船那样狭小的空间区域内，飞行员无法区分这些惯性效应造成的力和万有引力，因此加速运动和转动形成的惯性力，可以视作人造重力来加以利用。例如，在未来的星际航行中，可以制造人造重力来缓解长期失重给宇航员生理机能带来的不利影响。

双生子佯谬效应与飞船和地球在四维时空中描出的世界线长度不同有关，而世界线的差别又与二者的加速度有关。宇航员感受到惯性力时，飞船的加速度是真加速度，这种加速度在物理上称为固有加速度，在数学上称为四维加速度，它是绝对的，它使飞船偏离测地线运动，经历的世界线变短。我们通常说"加速运动是相对的"，指的是三维加速度。三维加速度是相对的。如果仅仅三维加速度不为零，四维加速度仍为零，则这种加速为"假加速"，它不产生惯性力。真假加速度的物理差别在于它是否伴随惯性力的出现。产生惯性力的加速运动，飞船不沿测地线运动，描出的世界线较短，飞船上的钟变慢，一切时间过程都变慢，宇航员的生理代谢也变慢。地球上的人相对于飞船仅仅三维加速度不为零，四维加速度仍为零（重力效应很小，可以忽略），地球仍沿测地线运动，时钟不变慢，所以宇航员返回地球时，会比留在地球上的双胞胎兄弟年轻。以接近光速的速度做星际飞行的宇航员，返回时将明显感受到这一效应导致的结果。

有人计算过双生子佯谬会造成多么明显的效应。如果飞船驶向距离我们 4.3 光年的比邻星，在飞行的前 4 个月中，火箭一直以 $3g$ 的加速度加速（g 是重力加速度），也就是说，宇航员处于超重状态，所受惯性力是地球重力的 3 倍，这是人长期可以承受的"重力"。加速结束时，飞船达到 25×10^7 m/s，这时关闭发动机，宇航员处于失重状态，做惯性运动。接近比邻星时再以 $3g$ 减速。访问比邻星后再以同样的方式返回。地球上的人觉得飞船往返用了 12 年，宇航员则觉得整个旅行只用了 7 年，他比留在地球上的同胞兄弟年轻了 5 岁。

再设想一艘去银河系中心旅行的用光子发动机发动的飞船。飞船先以 2g 加速度加速，一直加速，不关闭发动机，飞行一半距离后，再以 2g 加速度减速，到达银心后再以同样方式返回地球。计算表明，地球上的人觉得飞船返回时已过了 6 万年，但飞船上的飞行员则觉得只过了 40 年。他返航了，但他认识的人都早已作古成了历史人物。地球上的人将热烈欢迎这位生于 6 万年前的人顺利归来。

21. 相对论的速度叠加公式怎么写？ 可以用速度叠加达到或超过光速吗？

从(1.12)式与(1.10)式可以导出相对论中的速度叠加公式

$$u=\frac{u'+v}{1+\dfrac{u'v}{c^2}} \tag{1.21}$$

式中 v 为 S′ 系相对于 S 系的运动速度，$u'=\dfrac{\mathrm{d}x'}{\mathrm{d}t'}$ 为 S′ 系中观测者看到的质点运动速度，$u=\dfrac{\mathrm{d}x}{\mathrm{d}t}$ 为 S 系中观测者看到的同一质点的运动速度。从上式不难看出，无论 u' 或 v 多么接近光速 c，或者 u' 与 v 同时接近光速 c，u 都不可能等于或大于 c。只有当 u' 和 v 中的一个取 c，或者两个都取 c 的时候，u 才等于 c，但也不可能超过 c。

我们知道，任何静质量不为零的质点，速度都必定小于 c，而参考系又必须建立在这类质点上，所以 u' 和 v 都只能小于 c，这样 u 也必定小于 c。而且，不管质点速度 u' 和 S′ 系速度 v 多么接近 c，二者的叠加也依然小于 c。因此，不可能运用相对论的速度叠加公式使质点的速度达到或超过光速。

上面提到参考系只能建立在静质量不为零的质点上，S′系的 v 必定小于 c。当 $u′$ 描写光子速度时，它等于 c，但从叠加公式可以看出，此时 u 也只能等于 c，不可能超过 c。这是光速不变原理的表现：在所有惯性系中测量真空中的光速，都是同一个常数 c，与惯性系之间的相对运动速度无关。

以上讨论的是 u 沿 x 方向，即 u 与 v 同向的情况。当 u 不沿 x 方向，相对论中的速度叠加公式可用分量的形式表示：

$$u_x = \frac{u'_x + v}{1 + \frac{u'_x v}{c^2}}, \quad u_y = \frac{u'_y \sqrt{1 - \frac{v^2}{c^2}}}{1 + \frac{u'_x v}{c^2}}, \quad u_z = \frac{u'_z \sqrt{1 - \frac{v^2}{c^2}}}{1 + \frac{u'_x v}{c^2}}$$

$$(1.22)$$

读者可以自己证明，运用这些叠加公式，同样不可能使质点的速度达到或超过光速，也不可能使光速在不同惯性系中有所不同。

22. 什么是相对论中的静质量和动质量？ 动质量究竟算不算质量？

相对论的质量公式(1.23)表明，一个物体静止时的质量与运动时的质量不同。静止质量为 m_0 的物体以速度 v 运动时，其质量变成

$$m = \frac{m_0}{\sqrt{1 - \frac{v^2}{c^2}}}$$

$$(1.23)$$

m 称为该物体的动质量。不难看出物体的运动速度越大，它的动质量就越大。

当一个火箭的速度趋近光速时，它的动质量 m 会趋于无穷大，加速它会越来越困难。研究表明，除非让火箭的静止质量 m_0 减少到零，否则不可能把火箭加速到光速。实际上，任何 m_0 不为零的物体均不可能达到光速。而 m_0 等于零的东西不可能是"物体"，只能是光辐射，可能还有引力子和中微子。

不过，对于动质量能否与静质量一样算作质量，目前相对论界有两种意见。一种认为，静质量与参考系的选取无关（用四维几何的语言来说，就是它是标量），而且是一个常数，但动质量则和能量 E 一样，在不同参考系中会不同（用四维几何语言来说，就是它们不是标量而都是四维矢量的分量）。为了保持质量为标量，为常数，许多人建议只把静质量算作质量，动质量不视为质量。据说爱因斯坦在一封私人信件中也认可了这一看法，但是他没有在任何文章或公开谈话中表示同意这一看法。

如果只有静质量算作质量，动质量不算，则质量守恒定律将不再存在。电子和正电子静质量相同，都不为零，它们碰撞后会湮灭为两个光子，光子没有静质量，只有与能量关联的动质量，所以这一过程虽然能量依旧守恒，但质量不再守恒，正负电子对的质量会消失。

目前。这两种看法在相对论界并存。不管动质量是否算质量。公式 (1.23) 总是成立的，只不过不承认动质量的人，不把 m 算作质量，只把它作为运算方便而定义的一个符号。

23. 为什么相对论中的光速是极限速度？

从问题 21 可以看出，在相对论中运用速度叠加的方法，无法使原来以亚光速运动的物体达到光速，更不可能使它们超过光速。

从问题 22 可以知道，如果一个质点的运动速度达到光速，它的动质量会变成无穷大；如果超过光速，它的动质量就会变成虚数。通过质能关系可以进一步知道，这时质点的能量也会变成无穷大或虚数。但是，我们从来没有观测到具有无穷大质量和能量的质点，也从来没有观测到具有虚质量和虚能量的质点。

以上两点表明，在相对论中，光速是不可超越的极限速度。无论是运动学的速度叠加，或者动力学的加速，都不可能使质点相对于惯性系的速度超过光速 c。

下面我们要指出，更为重要的是，如果有超光速的粒子或信号存在，因果关系就会被颠倒，原因会变成结果，结果会变成原因。

存在因果联系的两个事件之间一定有运动的粒子或信号传递，否则作为原因的事件不可能影响作为结果的事件。设事件 1 与事件 2 之间存在因果联系，在惯性系 S 中的观测者认为 t_1 时刻发生在 (x_1, y_1, z_1) 点的事件 1 是原因，t_2 时刻发生在 (x_2, y_2, z_2) 点的事件 2 是结果。在相对于 S 系以速度 v 运动的惯性系 S′看来，事件 1 与事件 2 分别发生在 (t'_1, x'_1, y'_1, z'_1) 和 (t'_2, x'_2, y'_2, z'_2)。从洛伦兹变换(1.7)式容易得出如下关系：

$$t'_2 - t'_1 = \frac{(t_2 - t_1) - \frac{v}{c^2}(x_2 - x_1)}{\sqrt{1 - v^2/c^2}} \qquad (1.24)$$

S 系中的观测者认为事件 1 是原因，事件 2 是结果，原因发生在结果之前，所以 $t_2 > t_1$。然而上式告诉我们，S′系中的观测者不一定认为 $t'_2 > t'_1$，即不一定认为事件 1 发生在事件 2 之前。这是因为上式中存在 $\frac{v}{c^2}(x_2 - x_1)$ 这一项。当

$$t_2 - t_1 > \frac{v}{c^2}(x_2 - x_1) \tag{1.25}$$

时，有 $t'_2 > t'_1$，S′系中的观测者对事件 1 与事件 2 的先后顺序的看法与 S 系中的观测者一致。但是，当

$$t_2 - t_1 < \frac{v}{c^2}(x_2 - x_1) \tag{1.26}$$

时，(1.24)式告诉我们 $t'_2 < t'_1$，即 S′系中的观测者认为事件 2 发生在事件 1 之前，原因变成了结果，结果变成了原因。这样，S 系与 S′系中的观测者对事件 1 与事件 2 的因果关系将会有相反的看法。这种难以理解的事情真的会出现吗？我们现在对(1.26)式做一个分析。(1.26)式成立的条件是

$$uv > c^2 \tag{1.27}$$

式中 $u = \dfrac{x_2 - x_1}{t_2 - t_1}$ 是粒子或信号从事件 1 到事件 2 的传播速度，v 是 S′系相对于 S 系的运动速度。我们知道，参考系必须固定在物体或质点上，v 实际上是两个物体的相对运动速度，相对论告诉我们，v 一定小于 c。因此，(1.27)式成立的必要条件是 $u > c$。另外，由于 S′系相对于 S 系的速度 v 可以充分接近光速 c，所以只要 $u > c$，就会出现(1.27)式成立的情况，即出现因果关系颠倒的情况。因此，$u > c$ 也是颠倒因果关系的充分条件。这就是说，粒子或信号的传播速度超过光速，就会发生 S′系观测者认为因果关系倒置的情况。可见，因果关系的绝对性不允许有超光速的粒子或信号存在。

我们要特别强调，不能超光速的是粒子和信号的传播速度。与运动物体和信号传播无关的速度可以超光速，如电磁波的相速度、喷流等天文现象的"视速度"等，这类超光速现象不能传播粒

子、传递信号，不能使一个事件对另一个事件产生影响，这样的两个事件之间，实际上不存在因果关系。

所以，在相对论中光速是物体运动和信号传播的极限速度。

24. 如何理解质能关系式 $E = mc^2$？经典力学中的动能与相对论能量之间有什么关系？

相对论还指出，物体的质量和能量之间存在本质联系：

$$E = mc^2 \tag{1.28}$$

上式称为质能关系式。这个公式不是告诉我们质量可以转化为能量，能量可以转化为质量。而是告诉我们能量和质量是同一事物的两个方面。凡是有质量的东西都含有能量，凡是能量，也都同时具有质量。甚至一个静止的物体也含有巨大的能量。静止质量为 m_0 的物体具有能量

$$E_0 = m_0 c^2 \tag{1.29}$$

从此式不难算出，1 g 物质（如 1 g 水）蕴藏的能量如果全部以热和光的形式释放出来，相当于 2×10^4 t 炸药爆炸所释放的化学能。这个公式是制造原子弹和原子反应堆的理论基础。可以说，相对论开辟了无止境的能量源泉，人类如果能够充分利用它，我们就无须再担心地球上能源的匮乏了。原子能的利用，代替了可贵的石油资源，石油是非常重要的化工原料，用来燃烧实在是太可惜了。门捷列夫曾对用燃油取暖万分惋惜："要知道，钞票也是可以用来生火的。"

从(1.28)式和(1.29)式可以算出运动物体的相对论动能：

$$T = mc^2 - m_0 c^2 = m_0 c^2 \left(\frac{1}{\sqrt{1 - \dfrac{v^2}{c^2}}} - 1 \right) = \frac{1}{2} m_0 v^2 + \frac{3}{8} m_0 \frac{v^4}{c^2} + \cdots$$

$$(1.30)$$

由上式不难看出，牛顿力学中的物体动能

$$T = \frac{1}{2} m_0 v^2 \qquad (1.31)$$

只是全部动能在 $v \ll c$ 时的最低阶近似。这个近似式只对低速运动的物体成立。当物体运动速度可以与光速相比时，计算物体动能必须考虑高阶的相对论修正。

25. 什么是狄拉克真空?

从(1.23)式和(1.28)式可以推出相对论的能量、动量和质量之间存在如下的联系:

$$E^2 = p^2 c^2 + m_0^2 c^4 \qquad (1.32)$$

其中动量 p 定义为:

$$p = \frac{m_0 v}{\sqrt{1 - \dfrac{v^2}{c^2}}} \qquad (1.33)$$

把(1.32)式开方得到:

$$E = \pm \sqrt{p^2 c^2 + m_0^2 c^4} \qquad (1.34)$$

(1.34)式告诉我们，自然界不仅存在正能粒子而且似乎还应该存在负能粒子。

狄拉克以电子为例，研究了这一公式，他按照(1.34)式描绘出电子能级图。从图可以看出，存在能量 $E \geqslant m_0 c^2$ 的正能电子态，也存在能量 $E \leqslant -m_0 c^2$ 的负能电子态。正负能态之间是禁区，也就

是说，不存在能量为

$$-m_0 c^2 < E < +m_0 c^2 \tag{1.35}$$

的电子(图 1-15)。

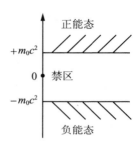

图 1-15　狄拉克真空

　　如果是这样，一个正能电子可以通过量子跃迁，从正能态跳到负能态并发射出光。而且，还可以从负能态下降到更负的能态进一步释放能量，由于负能级没有下限，这个过程可以无休止地进行下去。但是，谁也没有见过负能电子，更没有看到如上所述的无止境的能量释放。这就是负能困难。为了克服这一困难，狄拉克提出"真空不空"的思想。他认为，真空是能量最低的状态。"能量最低"不仅意味着没有正能粒子存在，而且意味着存在最多的负能粒子。打个比方说，什么样的人最穷？身上没有 1 分钱还不是最穷的人，只有那种不仅 1 分钱没有，还欠了大量外债，而且欠到没有地方可以再借债的地步的人，才是最穷的人。所以狄拉克认为，作为"能量最低"状态的真空，并不是一无所有的状态，而是所有负能态都已填满，所有正能态都空着的状态。这种真空称为狄拉克真空。由于负能态已被负能电子填满，根据泡利不相容原理就不能再有电子进入负能态了。所以，正能电子不可能跃迁到负能态。而处于负能态的电子是真空的一部分，因而我们看不到它。这样，狄拉克就克服了负能困难。

上面关于真空的讨论只是以电子为例，实际上对质子、中子也是正确的。我们的真空，既是电子真空，又是质子真空、中子真空……

26. 什么是反物质？ 反物质是如何被预言和发现的？

狄拉克对真空的认识对不对呢？他提出了一个能够检验的预言：可以打击真空，让负能电子跳出来变成正能电子，同时留下一个"负能空穴"。由于电子带负电，空穴应该带正电，这样电荷才守恒。从图 1-16 可以看出，一个负能电子跃迁到正能态，需要 $2m_0c^2$ 的能量，可是冒出来的正能电子只有 m_0c^2 的能量，剩下的 m_0c^2 哪里去了？当然只能留给"负能空穴"。所以，"负能空穴"应是一种当时还未发现的与电子质量相同、电荷相反的正能粒子——正电子。正电子实际上是电子的反粒子。

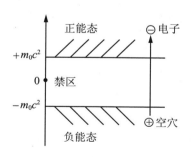

图 1-16　打击真空

1932 年，安德孙在宇宙线的研究中发现了正电子，我国留美物理学家赵忠尧先生也对正电子的发现做出了贡献。狄拉克的真空观念最终被接受了。

在后来的实验中，人们又相继发现了反质子和反中子。反质子与反中子分别是质子和中子的反粒子，它们的质量分别与质子、中子相同，只是电荷和磁矩相反。反质子、反中子与正电子一起可以构成反物质。在反物质中，反质子与反中子构成带负电的反原子核，正电子则绕核转动。反物质与物质相遇，会发生猛烈的爆炸，转化为光和热。1995年，欧洲核子中心最先制造出反物质，那是9个反氢的原子，寿命约为三亿分之四秒。

宇宙中究竟有多少反物质？有没有由反物质构成的星系？这是非常令人感兴趣的问题。一般认为，在宇宙诞生的初期，正物质与反物质都有，而且总量大体相等，只差大约 $1/10^8$。随着宇宙的膨胀和演化，正物质与反物质都已中和成光子，表现为光和热，目前宇宙只残存多余出来的那约占总量 $1/10^8$ 的正物质，这些正物质构成了我们今天观测到的各种星系、气体和尘埃。多数人认为当前宇宙中已没有反物质存在，但也有少数学者（如丁肇中等）表示怀疑。目前看来，我们宇宙中的反物质即使有也不会太多。为什么反物质如此之少也是一个正在被探讨的问题。

27. 时间有什么特点？ 什么是时间的"流逝性"和"测度性"？

中世纪著名的思想家奥古斯丁有一句名言："时间是什么？人不问我，我很清楚，一旦问起，我便茫然。"

关于时间，确实有太多值得深思的东西。今天，我们至少注意到时间的两个重要特性，一个是它的"流逝性"，另一个是它的"测度性"。

所谓流逝性，是指时间与空间不同，有一去不复返的性质。

我们只能从"过去"，经过"现在"，走向"未来"，而绝不会倒过来，从"未来"走向"过去"。也不可能停止不前，万事万物，都必须"与时俱进"。这种流逝性，是自然过程不可逆性的表现，在物理学中表现为热力学第二定律，表现为熵增加，即自然过程中不断的熵产生。

所谓测度性，是说时间是可以测量的。自然科学与哲学及其他学问不同，凡是进入自然科学的东西，都必须是可以定量测量的。一切不能"测量"的东西，都不能进入自然科学，时间也不例外。在相对论诞生的前后，庞加莱在《时间的测量》一文和《科学与假设》等书中，对时间的测量发表了许多精辟的见解。这些见解对爱因斯坦建立相对论产生了影响。

庞加莱指出，时间的测量有两方面内容，一是不同地点的钟如何对准，二是"相继时间段"的相等如何确定。只有这两个问题得到解决，才能在全时空建立统一的"时间"。他首先指出，这两个问题相互关联，但都与"直觉"无关。之所以这样说，是因为当时不少哲学家，甚至包括笛卡儿这样的懂得不少数学和自然科学的学者，都认为"时间"不是客观的东西，至少不完全是客观的东西。时间或多或少带有主观色彩，与人的意识活动有关，有些人干脆主张时间依赖于"直觉"。但什么是直觉，又是一个很难说清楚的问题。庞加莱的上述观点，明确了时间的客观性质，把对时间的科学研究从哲学的混乱探讨中挖掘了出来。

28. 如何确定"相继时间段"的相等？

历史上，人们用周期运动来定义时间，如单摆运动，地球自转和公转引起的星空变化，季节变化等。但是，有什么办法来确认周期运动的每个周期经历相同的时间呢？也就是说，有什么办法来确认每个周期的"时间段"等长呢？在空间测量中不存在这样的困难。用来度量的尺可以来回移动，反复测量。但是时间不同，我们不可能把一个"时间段"移往"过去"或"未来"，去与别的"时间段"比较长短。与牛顿同时代的哲学家洛克就曾明确指出，没有办法确认周期运动的每个周期是等长的，人们只能假设它们等长，或者说"约定"它们等长。庞加莱也同意这一观点，而且他指出，如果全宇宙的时间进程整体地变快变慢，并不会产生任何影响。

18世纪的数学家欧拉提出一个新思路：用运动定律来确认周期运动的每个周期是否等长。他假设惯性定律是永远正确而且放之四海而皆准的自然定律。当时认为尺的测量不存在问题，而且可以反复移动尺做多次测量，因此确认空间段的相等不成问题。他认为，如果用一种周期运动计量的时间和尺子测量的空间距离相匹配来检验惯性定律，结果表明惯性定律成立，那就说明这个周期运动的每个周期的"时间段"相等。用这样的周期运动制成的钟就是"好钟"。如果惯性定律出了问题，就说明这一周期运动的各个周期实际上不一样长。用这种"周期"运动制成的钟不是"好钟"。

欧拉的这一思想被沿用到今天，并被进一步推广。现在"好钟"被定义为：用它标度的时间，应该保证牛顿三定律成立、麦克斯韦电磁定律成立、能量守恒定律成立……一句话，应该保证物理定律形式简单！

不过，什么样的定律形式就算简单，这个问题很难回答。

虽然"好钟"理论存在缺陷，但在我们找到更好的替代理论之前，学术界仍然采用"好钟"理论来判断"相继时间段"是否相等。

我们最近对这一问题给出了另一条思路：用约定光速来定义

"时间段"的相等，有关研究正在进行当中。感兴趣的读者可参看拙著《黑洞与时间的性质》(北京大学出版社，2008年)及《物理学与人类文明十六讲》(高等教育出版社，2008年)。

29. 不同地点的钟如何校准？ 为什么说真空中光速各向同性是一个约定？

我们不可能事前在 A 点把两个钟校好，再把其中一个移往 B 点，因为移动过程中钟的机械结构或电磁性能有可能发生变化，即使不发生这种变化，从后来的相对论研究我们也知道，钟在移动过程中，自身的时间进程会变慢(与钟的机械或电磁性能无关)。

为了避免上述不确定性，最好是把两个完全相同的钟(机械和电磁性能完全一样且质量极好)分别置放于 A、B 两点。然后由 A 点的人发送一个信号(如光信号)告知 B 点的人 A 钟的时刻，B 点的人收到信号后立刻把 B 钟也调到这一时刻。不过，要使两个钟严格对准，还必须扣除信号传递的时间。而要想知道信号传递的时间，又需要先对好 A、B 两点的钟。这构成了一个逻辑循环的困难。

为了解决这一困难，庞加莱指出，应该事前对信号传播速度的性质有一个约定。所谓约定，就是规定，对信号传播速度的性质加以规定。那么，约定(规定)哪一种信号(或物体)的速度呢？庞加莱建议约定光速，也就是电磁波传播的速度。当时已经知道，真空中的光速是已知最快的信号传播速度，空气中的光速与真空中的光速相差不大。约定什么呢？庞加莱认为应该约定真空中的光速各向同性，甚至是一个常数(这与当时的实验观测相符)。他还猜测真空中的光速有可能是极限速度，可能没有比光运动更快的物体和信号。不过，庞加莱没有进一步给出校准异地时钟的具体步骤和方法。

爱因斯坦在创立狭义相对论的第一篇论文《论运动物体的电动力学》中，沿着庞加莱的思路，具体给出了校准不同地点的时钟的方法。他写道：

"如果在空间的 A 点有一个钟，在 A 点的观察者只要在事件发生的同时记下指针的位置，就能确定 A 点最邻近的事件的时间值。若在空间的另一点 B 也有一个钟，此钟在一切方面都与 A 钟类似，那么在 B 点的观察者就能测定 B 点最邻近处的事件的时间值。但是若无其他假设，就不能把 B 处的事件同 A 处的事件之间的时间关系进行比较。到目前为止我们只定义了'A 时间'和'B 时间'，还没有定义 A 和 B 的公共'时间'。"

他接着写道：

"除非我们用定义规定光从 A 走到 B 所需的'时间'等于它从 B 走到 A 所需的'时间'，否则公共'时间'就完全不能确定。现在令一束光线于'A 时刻't_A 从 A 射向 B，于'B 时刻't_B 又从 B 被反射回 A，于'A 时刻't_A' 再回到 A。

"按照定义，两钟同步的条件是

$$t_B - t_A = t_A' - t_B \tag{1.36}$$

"我们假定，同步性的这个定义是无矛盾的，能适用于任何数目的点，并且下列关系总是成立的：

"(1)假如 B 处的钟与 A 处的钟同步，则 A 处的钟与 B 处的钟也同步。

"(2)假如 A 处的钟与 B 及 C 处的钟同步，则 B、C 两处的钟彼此也同步。

　　"这样，借助于某些假想的物理实验，我们解决了如何理解位于不同地点的同步静止钟这个问题，并且显然得到了'同时'或'同步'的定义，以及'时间'的定义。"

　　爱因斯坦又写道："根据经验，我们进一步假设，量

$$\frac{2AB}{t_A' - t_A} = c \qquad (1.37)$$

是个普适恒量，即在真空中的光速。"

　　公式(1.36)可改写为

$$\frac{t_A + t_A'}{2} = t_B \qquad (1.38)$$

　　爱因斯坦就把 A 处钟的时刻

$$\tilde{t}_A = \frac{t_A + t_A'}{2} \qquad (1.39)$$

定义为与 B 处钟的 t_B 同时的时刻。在平直时空的惯性系中，爱因斯坦用这种方法定义了异地时钟的同时。在操作过程中，他上面提到的几点假设都没有出现矛盾。（图 1-17）

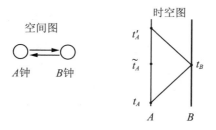

图 1-17　惯性系中异地时钟的校准（空间图与时空图）

　　然而，研究表明，如果在平直时空中采用非惯性系，或在弯曲时空中采用任意的曲线坐标系，则爱因斯坦的假设(2)不一定成立。研究发现，只有在时轴正交系（时间轴垂直于三个空间轴）中

"同时"才具有传递性［即假设（2）成立］，才能在时空中建立"同时面"，定义统一的时间，使各点的钟保持同时和同步。

30. 为什么测量的光速都是双程光速，不可能测量单程光速？

在相对论诞生之前，物理学家就已认识到测量单程光速十分困难。这是因为，测量单程光速不仅需要测出 A、B 两点的空间距离，还要测出光信号从 A 点传播到 B 点的时间。当时没有觉得空间距离的测量有什么理论上或技术上的困难，用尺去量就行了。但要测量光从 A 运动到 B 的时间，则需在 A、B 两点放置两个完全一样且已校准好的钟，这在技术上十分困难。

首先，制造两个完全一样的钟就十分困难，而且如果把两个钟在 A 点对好，再把其中一个移往 B 点，很难保证在移动过程中钟的机械装置和电磁装置不发生变化。

因此，最简单可行的办法是只用一个钟，测量往返光速（双程光速）。这就避开了制造两个完全相同的钟并把它们校准的困难。这时，人们只需在 A 点放置一个钟，在 B 点不放置钟，而放一面反射镜。光信号从 A 射到 B，再被镜子反射回 A。利用 A 点的钟记录的光信号往返的时间差 t，和标准尺量出的 A、B 两点的空间距离 l，就可测得光速

$$c = \frac{2l}{t}。 \tag{1.40}$$

但这样测得的是双程光速（往返光速），不是单程光速。

当科学技术进一步发展后，人们考虑，是否可以利用高科技手段测得单程光速呢？仔细研究后，人们认识到，技术上的困难

还是次要的，以相对论为核心的时空理论，从原则上否定了测量单程光速的可能性。也就是说，相对论告诉我们，我们测量的只能是双程光速。

这是因为，要测光从 A 点到 B 点单程运动的时间，就需要在 A、B 两点存在校准好的完全相同的钟。如果在 A 点把两个钟校准好，再把其中一个移往 B 点，不仅存在上面谈到的很难保证钟的机械电磁装置不发生变化的困难，而且还存在理论原则上的困难。相对论告诉我们，钟在运动过程中自身的时间进程会发生变化（变慢），移到 B 点后无法保证与留在 A 点的钟保持"同时"或"同步"。

因此，要想在 A、B 两点放置校准同步的钟，必须首先把制造好的完全一样的钟先在 A、B 两点分别放好，再用光信号去校准它们。我们在前面已经谈到，庞加莱与爱因斯坦对此有详尽的分析。他们明确指出，用光信号去校准不同地点的钟，必须事先对光速有一个约定：约定光速各向同性，即往返光速相同。

我们看到，要想测从 A 点到 B 点的单程光速，必须先校准 A、B 两点的钟，而校钟又必须事先约定光速各向同性，即约定往返光速相同。因此，用这样校准同步的 A、B 两点的钟，测量的单程光速，本质上仍是双程光速。

因此，我们测得的光速只能是双程光速，不可能测得单程光速。

31. 相对论中空间距离如何测量？

相对论诞生之后，人们发现移动标准尺逐段测量空间距离最终得到 A、B 两点间距离的方法也有问题。这是因为，尺在运动过程中，长度也有可能发生变化，因此，用尺去直接测量空间距离并不是测量距离的好方法。

人们在约定光速（即约定真空中的光速各向同性，而且是一个常数）以校准不同地点的钟之后，进一步决定，用光速乘以时间来定义距离。也就是说，用光从 A 传到 B 的时间乘以光速，来得到 A、B 两点的空间距离。

因此，现代物理学家不需要在有了标准钟之后，再另外寻找一个实物作为标准尺。现代物理学中的空间测量从属于时间测量。所谓标准尺，并不存在实物，而是用标准钟走过的时间乘真空中的光速来得到。

32. 为什么说光速在相对论中处于核心地位？

光速在相对论中有两个基本作用，这两个基本作用使光速在相对论中处于核心地位。

第一个作用是：对光速的约定使得时间和空间成为可以测量的量。庞加莱指出，不可测量的量不能进入自然科学。要使空间各点有统一的时间，即校准空间各点的钟，必须事先对信号传播速度有一个约定（或者说规定）。他建议可以约定真空中的光速各向同性，甚至是一个常数。爱因斯坦在他创立狭义相对论的第一篇论文《论运动物体的电动力学》中，就沿着庞加莱的思路约定真空中的光速各向同性而且是一个常数，从而校准了位于不同地点的两个时钟。他又进一步假定"同时"这一概念具有传递性，即假定在用光信号把 A 钟与 B、C 两钟分别对准后，B 钟与 C 钟之间就自然对准了。有了上述假定，他就可以在一个确定的惯性系中，把静置于各空间点的钟全部对准，从而有了全空间统一的时间。

后来，物理学中的空间距离采用时间的度量来定义，这里也要用到对光速的上述约定，用光速乘光信号在两个空间点之间的传播时间，来定义两点之间的距离。

对每一个惯性系都定义了统一的时间并定义了长度，才有可能建立不同惯性系之间的洛伦兹变换，以讨论动钟变慢、动尺缩短等相对论效应。所以，约定光速是建立相对论的必要前提条件，不过，研究相对论的人大都没有注意这一点。一方面是大家觉得"对钟"不足为奇，另一方面是动钟变慢、动尺缩短、双生子佯谬等效应太出人意料、太难以理解了，人们的注意力被吸引到这些相对论效应上去了。

相对论是一个时空理论，它的时间和空间的测量，都建立在对光速的约定上。可以说没有对光速的约定就不可能建立相对论。可见这一约定有多么重要！

光速在相对论中的第二个作用是"光速不变原理"。它是相对论的两块重要基石之一（另一块是相对性原理），光速不变原理不同于上述对光速的约定，它是说真空中的光速在所有惯性系中都相同，光速与光源相对于观测者是否运动、运动速度的大小都没有关系。爱因斯坦最先指出，相对性原理和光速不变原理的同时成立，会使"同时"这个概念变成相对的。这就是说，在惯性系 S 中看来同时发生的两个异地事件，在另一个相对于 S 以速度 v 运动的惯性系 S′ 中，将不是"同时"发生的。理解"同时的相对性"是弄懂相对论的关键。爱因斯坦也是在弄清同时的相对性之后，才豁然开朗的。

爱因斯坦正是在光速不变原理和相对性原理的基础上，构建起狭义相对论的宏伟大厦的。

实际上，对光速的约定和光速不变原理均与时空对称性有关。约定光速就是约定时间的均匀性和空间的均匀、各向同性，光速不变原理则对应于 Boost 对称性（相应于洛伦兹变换）。总之，约定光速的上述两条性质，等价于约定时空具有庞加莱对称性。

33. 什么是四维时空?

牛顿理论认为，存在绝对的空间和绝对的时间，二者之间没有联系；存在着能量和动量，二者之间也没有联系。爱因斯坦的相对论则认为，时间和空间是一个整体，不可分割，称为四维时空；能量和动量也是一个整体，不可分割，称为四维动量（图 1-18）。

图 1-18　时间与空间是一个整体，能量与动量是一个整体

相对论认为，不存在绝对的空间，也不存在绝对的时间，空间是相对的，时间也是相对的，但它们作为一个整体则是绝对的。也就是说，存在绝对的四维时空。能量是相对的，动量也是相对的，但它们作为一个整体是绝对的。也就是说，存在绝对的四维动量。此外，相对论还认为，真空中的光速是绝对的，在任何惯性系里真空中的光速都相同。

四维时空的提法是闵可夫斯基最先提出的。闵可夫斯基曾是爱因斯坦大学时代的数学老师，不过爱因斯坦很少去听他的课。他也对爱因斯坦印象不佳。爱因斯坦发表相对论后，闵可夫斯基对这一理论很感兴趣，把它改造成四维时空形式。爱因斯坦看了后对闵可夫斯基开玩笑说："你这样一改写，我都看不懂相对论了。""四维时空"概念的出现，不仅使大家能够更深刻地理解狭义相对论，而且为爱因斯坦后来建立广义相对论做了初步的数学准备。

34. 建立狭义相对论最困难的思想突破是什么？

一般介绍相对论的文章都非常强调爱因斯坦之所以能建立相对论，关键是他坚持了相对性原理。在当时的情况下，爱因斯坦正确地认识到相对性原理是应该坚持的一条根本性原理，并认识到伽利略变换并不等价于相对性原理，然后放弃后者而坚持前者，的确是十分不容易的。洛伦兹和许多物理学家都没有认识到相对性原理是最应该坚持的根本性原理。

但是，应该注意到，关于运动相对性的观念自古以来各国都有。到了17世纪，伽利略已经通过对话的形式正确地给出相对性原理的基本内容。牛顿虽然认为存在绝对空间，同时认为转动是绝对运动，但他还是认为各个惯性系是等价的。应该说，牛顿在他的理论中应用了相对性原理。

到了1900年前后，虽然洛伦兹等人考虑放弃相对性原理，但由于马赫对牛顿绝对时空观的勇敢批判，深受马赫影响的爱因斯坦还是比较容易认识到应该坚持相对性原理的。

然而，仅仅认识到坚持相对性原理，还不足以建立相对论。庞加莱已经正确地阐述了相对性原理，并认识到了真空中的光速可能是一个常数，甚至认识到光速可能是极限速度，但是他仍未能建立相对论。这是因为建立相对论还必须实现观念上的另一个更为重要的突破：认识到光速的绝对性，即光速不变原理。

爱因斯坦曾明确指出，狭义相对论与（伽利略和牛顿建立的）经典力学都满足相对性原理，"因此，使狭义相对论脱离经典力学的并非相对性原理这一假设，而是光在真空中速度不变的假设。它与狭义相对性原理相结合，用众所周知的方法推出了同时的相对性、洛伦兹变换及有关运动物体与运动时钟行为的规律"。

这就是说，承认相对性原理，又承认光速绝对性，必将导致时间观念发生根本变化："同时"这个概念不再是绝对的，而是相对的了。同时的相对性与人们的日常观念严重冲突，非常不易被接受。所以认识到"光速的绝对性"，进而认识到"同时的相对性"，是建立相对论过程中最困难也最重要的物理思想突破。

35. 为什么相对论的缔造者是爱因斯坦而不是其他人？

1905 年前后，许多人都已接近相对论（狭义相对论）的发现，在爱因斯坦的论文发表之前，斐兹杰惹和洛伦兹早已提出洛伦兹收缩，佛格特、拉摩、斐兹杰惹、洛伦兹早已给出洛伦兹变换，拉摩已经给出了运动时钟变慢的公式，洛伦兹已经给出了质量公式(1.23)，庞加莱已经正确地阐述了相对性原理，并推测真空中的光速可能是常数，而且可能是极限速度。此外，在一些特殊的情况下，质能关系式也已有人探讨。

但是，提出"光速不变原理"的人是爱因斯坦，而不是其他人。正是"光速不变原理"，而不是"相对性原理"，形成了相对论与经典力学的分水岭。另外，只有爱因斯坦抛弃了以太理论，从而彻底抛弃了绝对空间，因而最彻底地坚持了相对性原理。而且首先正确阐述相对论，认识到它是一个时空理论，并给出完整理论体系和几乎全部结论的也是爱因斯坦，而不是别人。所以说，爱因斯坦是相对论的唯一发现者。

事实上，在相对论发表之后，洛伦兹和庞加莱都曾反对它。洛伦兹后来接受了相对论，庞加莱则至死都未发表过赞同相对论的言论。

洛伦兹抱住绝对空间和以太概念不放，甚至主张放弃相对性原理。庞加莱虽然坚持相对性原理，主张放弃绝对空间，但他没有放弃以太。而承认以太实质上还是承认绝对空间的存在。

有一点需要解释一下。在相对论诞生之前，庞加莱于 1900 年在《时间的测量》一文中曾经谈道："光具有不变的速度，尤其是，光速在所有方向都是相同的。这是一个公设，没有这个公设，便不能试图度量光速。"这句话中"光具有不变的速度"，似乎是指"光速不变原理"。但从上下文看，庞加莱这句话是针对测量光速说的。众所周知，测量光速并不需要光速不变原理，但需要用"光速各向同性而且是一个常数"这一约定。他在这里强调的是同一个参考系中光速是点点均匀且各向同性的，即光速是一个常数 c。而光速不变原理指的不是这一点，而是指光速在不同惯性系中相同。庞加莱从来没有在任何一个地方明确指出过"不同惯性系中的光速相同"。而且，承认"光速不变原理"就将直接导致"同时相对性"的结论，庞加莱也没有在任何地方谈到过"同时的相对性"。因此，不能依据这句话认为庞加莱在相对论发表之前就已认识到了光速不变原理。

杨振宁教授指出，洛伦兹与庞加莱都曾非常接近相对论的发现。但是洛伦兹只有近距离的眼光，没有远距离的眼光，他只重视实验与观测，缺乏哲学思考；庞加莱只有远距离的眼光，缺乏近距离的眼光，他只重视数学和哲学思考，但忽视实验与观测。

爱因斯坦既有近距离眼光，又有远距离眼光，重视实验与观测，又重视哲学思考。最终，洛伦兹与庞加莱都没有发现相对论，只有爱因斯坦发现了它。

不过，爱因斯坦也承认许多人已经接近了狭义相对论的发现。他后来说："如果我不发现狭义相对论，5 年之内就会有人发现。"

36. 数学大师庞加莱如何评价爱因斯坦的工作？

1900 年前后，庞加莱已是一位举世闻名的数学大师，爱因斯坦不过是一名初出茅庐的青年学者。庞加莱为相对论的诞生做了许多重要的基础性工作。他正确指出时间的测量依赖于对信号传播速度的约定。具体来说就是他认为"测量时间"需要首先约定（或者说规定）光速，他建议约定真空中的光速各向同性而且是一个常数。庞加莱正确地阐述了相对性原理，指出了洛伦兹理论的不足。一些学者认为相对论应是庞加莱与爱因斯坦共同创建的。

爱因斯坦与庞加莱只在学术会议上见过一次面。青年爱因斯坦当时非常渴望庞加莱支持相对论。那次会面回来后，爱因斯坦很沮丧，告诉他的朋友，"庞加莱根本不懂相对论"。事实上，庞加莱直到去世也未发表过赞同相对论的意见。

庞加莱对爱因斯坦的评价不是很高。他去世前不久，应苏黎世工业大学的邀请，对爱因斯坦申请教授职位发表了以下意见："爱因斯坦先生是我所知道的最有创造思想的人物之一，尽管他还很年轻，但已经在当代第一流科学家中享有崇高的地位……不过，我想说，并不是他的所有期待都能在实验可能的时候经得住检验。相反，因为他在不同方向上摸索，我们应该想到他所走的路，大多数都是死胡同；不过，我们同时也应该希望，他所指出的方向中会有一个是正确的，这就足够了。"后来的研究表明，历史与这位数学大师开了一个极大的玩笑：爱因斯坦在 1905 年指出的所有方向都是正确的。

二、广义相对论

1. 狭义相对论遇到了什么重要困难？

正当全世界为相对论的成功而欢欣鼓舞时，爱因斯坦本人却冷静地看到了自己的理论存在严重缺陷。

首先，作为相对论基础的惯性系，现在无法定义了。牛顿认为，存在绝对空间，所有相对于绝对空间静止和做匀速直线运动的参考系都是惯性系。爱因斯坦的相对论认为不存在绝对空间，牛顿定义惯性系的方法显然不适用了。有人建议，把惯性系定义为，不受力的物体在其中保持静止或匀速直线运动状态的参考系，也即把牛顿第一定律（即惯性定律）视作惯性系的定义。但是，什么叫不受力呢？也许有人会说，物体在惯性系中，保持静止或匀速直线运动的状态，就叫不受力。读者一下就会看出，这里存在逻辑上的循环。定义惯性系要用到不受力，定义不受力，又要用到惯性系。这样的定义方式，在物理学中是不可接受的。

爱因斯坦注意到的另一个缺陷是，万有引力定律写不成相对论的形式。有几年，爱因斯坦致力于把万有引力定律纳入相对论的框架，几经失败后，他终于认识到，相对论容纳不了万有引力定律。

在取得巨大成就的喜悦中，爱因斯坦冷静地看到，自己的理论存在着与惯性系和万有引力有关的两个基本困难。这两个困难非常严重。他的相对论是研究惯性系之间的关系的，也就是说，相对论是建立在惯性系的基础上的。现在，这个"基础"居然无法定义！另外，当时已知的力只有电磁力和万有引力两种，竟然其中的一种就放不进相对论的框架中，真是太令人遗憾了！

2. 针对上述困难，爱因斯坦有什么新思路？

爱因斯坦反复考虑狭义相对论遇到的两个基本困难：①惯性系无法定义；②万有引力定律不能纳入相对论的框架。他想，既然惯性系无法定义，不如就抛开惯性系，把自己的理论建立在"任意参考系（包括非惯性系）"的基础之上。把原来的相对性原理："物理规律在一切惯性系中都相同"推广为"物理规律在一切参考系中都相同"。他把后者称为广义相对性原理，而把原来的相对性原理称为狭义相对性原理。这样做确实躲开了定义惯性系的困难，但又产生了新的困难：非惯性系与惯性系不同，它有惯性力存在。如何处理惯性力呢？

爱因斯坦注意到惯性力的一个重要特点：惯性力与物体的惯性质量成正比。这个特点与万有引力非常相似，万有引力与物体的引力质量成正比。他又注意到，在牛顿力学中，引力质量与惯性质量精确相等。他还想起了自己一直钦佩的物理学家兼哲学家马赫，关于惯性力与万有引力相似，都起源于物体间的相互作用的见解。爱因斯坦终于认识到，"惯性"问题应该和"引力"问题合在一起解决，狭义相对论所遇到的两个困难实际上是一个困难！

马赫对物理学的直接贡献并不大，但他的批判精神和他从哲学角度提出的某些见解，对物理学的影响却非常深远。小小的马赫，居然敢于批判伟大的牛顿，居然敢于说牛顿的绝对时空观和绝对运动观不对！马赫认为，根本不存在绝对空间，当然也不存在绝对运动，一切运动都是相对的，惯性起源于物体间的相互作用。

马赫的这些见解深刻地影响着年轻的爱因斯坦。马赫不惧权威的勇敢批判精神鼓舞着年轻的爱因斯坦。爱因斯坦曾多次强调，他提出狭义与广义相对论都与马赫的影响有关。

3. 什么是马赫原理？

在经典物理学中，惯性力的特点之一是没有反作用力。也就是说，惯性力与真实的力不同，它不起源于相互作用。

牛顿通过水桶实验来论证惯性离心力起源于物体相对于绝对空间的转动。他认为两个物体的相对转动不一定是真转动，只有相对于绝对空间的转动才是真转动，才产生惯性离心力。相对于绝对空间没有转，而只是相对于某个物体转的转动，不是真转动，这种相对转动并不产生惯性离心力。

推而广之，所有的惯性力都起源于物体相对于绝对空间的加速，只有相对于绝对空间的加速才是真加速，才产生惯性力。那种相对于绝对空间没有加速，而只是物体相对于其他物体的加速不是真加速，不产生惯性力。

马赫认为根本就不存在什么绝对空间，一切运动都是相对的。他认为牛顿对惯性力起源的解释是错误的。马赫认为惯性力起源于物体间的相对加速，起源于做相对加速的物体之间的相互作用。我们通常所说的受到惯性力的加速物体，是由于它相对于宇宙中的所有物质加速，这相当于该物体不动，整个宇宙的物质相对于它做反向加速。全宇宙的物质通过这种加速共同对该物体施加了作用，这种作用就是惯性力。反过来，该物体也对全宇宙物质施加了作用，但该物体的质量与全宇宙物质相比太小了，所以相应的作用根本看不出来。

马赫这种认为惯性效应起源于物质间的相对加速，从而起源于物质间的相互作用的思想，被爱因斯坦称为马赫原理。马赫原理并没有严格的物理陈述，更没有数学表达式，它只是一种定性的物理思想。但正是这一思想，给了爱因斯坦重要的启示，马赫原理引导爱因斯坦提出等效原理，并进而建立起广义相对论的大厦。在广义相对论取得巨大成功之后，爱因斯坦高度评价马赫的这一思想，认为自己的广义相对论具体体现了马赫原理预期的效应。

不过，后来的深入研究表明，广义相对论与马赫原理并不一致。有趣的是，当时马赫还活着。马赫看到了狭义相对论，但据说没有看到广义相对论。马赫断然否认自己的思想与相对论一致，明确反对爱因斯坦的相对论。这一点令爱因斯坦十分遗憾。然而，有一点可以肯定，马赫认为"一切运动都是相对运动"，"惯性效应起源于物质间的相对加速，从而起源于物质间的相互作用"的思想，先后引导爱因斯坦走上了创立狭义相对论和广义相对论的正确道路，马赫原理在历史上的贡献是应该被肯定的。

4. 什么是引力质量？　什么是惯性质量？

牛顿理论认为，质量可以定义为物体所含物质的多少。这样定义的质量，称为引力质量（m_g），可以用与万有引力定律有关的性质来给出。规定物体产生或受到万有引力的大小，与它的引力质量成正比。

质量又可定义为物体惯性的量度。这样定义的质量，称为惯性质量（m_I），可以用与牛顿第二定律有关的性质来给出。规定不同物体在外力作用下产生相同加速度时，所需外力与物体的惯性质量成正比。

在经典物理学中，惯性质量和引力质量原本是两个毫无关系的概念，但是自由落体实验却把它们扯到了一起。下落物体所受的重力为

$$F=m_g \cdot g \qquad (2.1)$$

g 是当地的重力场强，即万有引力场强。按照牛顿第二定律，

$$F=m_I \cdot a \qquad (2.2)$$

a 为下落物体的加速度。两式联立得

$$m_g \cdot g=m_I \cdot a \qquad (2.3)$$

伽利略的自由落体定律告诉我们，从同一高度自由下落的任何物体，不论其重量大小与构成成分，均同时落地。这就是说，所有物体都有相同的加速度 $a=g$。从上式可知，引力质量必定与惯性质量相等，即有

$$m_g=m_I \qquad (2.4)$$

自由落体定律告诉我们，这两种本来毫无关系的质量居然相等。这正是人们对自由落体定律特别感兴趣的原因。

伽利略只是给出了自由落体定律，牛顿则认识到这个定律意味着引力质量与惯性质量相等。为了进一步证实这一点，牛顿做了一系列单摆实验。用重量相同但材料不同的各种小球做成单摆，实验均指出 $m_g=m_I$。牛顿单摆实验的精度是 $1/10^3$，还不够高。后来又有人用扭摆做了实验，精度提高到 $1/10^8$，甚至 $1/10^{12}$，仍有 $m_g=m_I$。人们不得不承认，对于任何物体，用"引力"和"惯性"两种方法定义的质量，精确相等。

5. 什么是等效原理？

在牛顿的经典物理学中，引力质量和惯性质量的相等，是"偶然"的。然而，爱因斯坦注意到了这个"偶然"的事实。

爱因斯坦在认识到引力与惯性力有相同或相似根源的同时，又抓住了引力与惯性力的相似性（都与质量成正比），于是他把"引力质量与惯性质量相等"的事实推进一步，提出等效原理：惯性场与引力场等效。也就是说，惯性力与引力等效。这个原理分为"弱等效原理"和"强等效原理"，它们的严格说法如下。

弱等效原理：引力场与惯性场的力学效应是局域不可区分的。

强等效原理：引力场与惯性场的一切物理效应都是局域不可区分的。

所谓"局域"就是指四维时空中一点的无穷小领域。

总之，等效原理告诉我们，在无穷小时空范围内，人们无法区分引力场与惯性场。

强等效原理涵盖了弱等效原理，可以看作弱等效原理的推广。研究表明，弱等效原理等价于 $m_g = m_I$，而 m_g 与 m_I 相等是有大量实验精确证明的。不过爱因斯坦的新理论（广义相对论）建立在强等效原理的基础上，而强等效原理的直接精确证明则较欠缺，这是每一个研究相对论的人都应该注意的。

6. 爱因斯坦升降机是怎么回事？

爱因斯坦关于升降机（电梯）的思想实验（图 2-1），最清楚地表达了他的等效原理思想。设想一个观测者处在一个封闭的升降机内，得不到升降机外部的任何信息。当他看到机内的一切物体都自由下落，下落加速度 a 与物体质量的大小及物质组成无关时（此时，他自己也感受到重力 ma，m 是他自身的引力质量），他无法断定自己处在下列两种情况的哪一种：

（1）升降机静止在一个引力场强为 a 的星球的表面；

（2）升降机在无引力场的太空中以加速度 a 运动。

当观测者感到自己和升降机内的一切物体都处于失重状态时，他同样无法断定自己处在下列两种情况的哪一种：

（1）升降机在引力场中自由下落；

（2）升降机在无引力的太空中做惯性运动。

造成上述现象的原因是，无法用任何物理实验来区分引力场和惯性场，即等效原理造成了上述不可区分性。

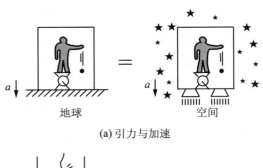

(a) 引力与加速

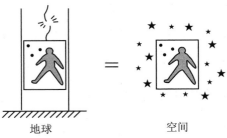

(b) 自由下落与失重

图 2-1 爱因斯坦升降机

7. 为什么说等效原理只在一点的邻域严格成立？

等效原理使人们无法用任何物理实验来区分引力场与惯性场，然而，引力场与惯性场还是有不同之处的，它们在有限大小的时空范围内并不等效。例如，由于星球是球体，静置于星球表面的升降机，其内部的引力线有向星球中心汇聚的趋势，而在星际空间加速的升降机，其内部的惯性力线则是平行的。只要升降机不是无穷小，探测这些力线的灵敏仪器就可以区分这两种情况。仅当升降机无穷小时，探测仪才无法区分引力场和惯性场。所以等效原理是一个局域性原理。也就是说，引力场与惯性场仅在无穷小时空范围内不可区分。

经常有人忽略这一点，他们考虑两个以上的时空点，发现引力场和惯性场可以区分，于是以为找到了等效原理的毛病，试图否认这一原理。实际上他们没有搞清楚等效原理是一个局域性的原理，只在时空一点的无穷小邻域成立（注意，一点是指时空点，不是空间点，空间点在四维时空中是一根线）。

8. 在相对论中惯性系如何定义？

等效原理告诉我们，引力场中一个自由下落的、无自转的无穷小参考系，等价于在无引力场太空中做惯性运动的参考系。惯性定律在这些参考系中都成立。目前，在广义相对论中，就把"在无引力场太空中静止或做匀速直线运动的参考系"和"在引力场中自由下落且无自转的无穷小参考系"定义为惯性系（自转会引起惯性离心力和科里奥利力，从而偏离惯性系）。然而，这两种惯性系实际上都不能严格实现。无引力场的太空，不存在任何参照物，实际上无法判定欲定义的参考系是否静止或做匀速直线运动。而无穷小参考系也只是一种理想化的东西。我们只能在离星系充分远的地方近似地定义惯性系，或把引力场中充分小的无自转的自由下落参考系近似地看作惯性系。真正严格的惯性系根本不存在，或者说在物理学中根本不可能定义严格的惯性系。

9. 非欧几何是怎样建立的？

欧氏几何，以它逻辑的严密，形式的完备和优美，两千年来为数学家和哲学家所倾倒。唯一使人感到美中不足的是它的第五公设，即平行公理。此公理说，"过直线外的一点，可以引一条，并且只能引一条直线与原直线平行（不相交）"。与其他公设比较，这个公设显得过长、过于复杂。人们自然希望第五公设能从其他公设推出，从而不再是一个公设。这方面的尝试开始于公元 5 世纪。一千多年中，许多杰出数学家为它绞尽脑汁、耗尽才华，结果都一无所获。

无数前人的失败，终于使后人悟出了道理。第一个察觉其中奥妙的人大概是高斯。然而，由于欧氏几何在数学、哲学和神学中的神圣地位，高斯缺乏公开挑战的勇气，没有发表自己的观点。

年轻的匈牙利数学家鲍耶是最先发现新几何的人之一。他父亲是高斯的同学，曾为第五公设的证明耗费了自己的大量精力。当他得知儿子又走上这条自我毁灭的道路时，立即加以劝阻，对他说：我的儿子，你千万不要再研究这个问题，我就是因为研究这个问题而几乎一事无成。然而，此时鲍耶已经探知了其中的奥秘。他较为幸运，从事这一研究不久，就走上了正确的道路。关键在于他采用了反证法，企图从"第五公设不成立"引出谬误。然而他在反证的路上越走越远，却始终不见"谬误"的影子。鲍耶终于认识到第五公设确实是不可证明的公理。这时，最重要的思想飞跃产生了。鲍耶猜想：是否可以引入不同于第五公设的其他公理来取代第五公设，从而建立新的几何学呢？他假设过直线外一点可以引两条以上的平行线。鲍耶沿着这条思路走下去，得到不少新奇的结果。鲍耶的父亲在得知儿子的详细想法后，也觉得有一定道理，就把儿子的工作告诉高斯，征求他的意见。高斯回信说：我实在无法赞扬你的儿子，因为赞扬他就等于赞扬我自己，我早就得到过与他相同的结果。鲍耶误解了高斯对他工作的评价，以为高斯要借其所处的地位来窃取他的成果，于是愤而终止了自己的研究。幸亏鲍耶的父亲把儿子的研究成果作为附录，附在自己的一本书中出版，否则，鲍耶的成就将永远不会为世人所知晓。

最先建立完整的新几何学的人是俄国数学家罗巴切夫斯基。他是喀山大学的教授，后来还担任过该校的校长。他最初的论文发表在喀山大学的学报上。他也用"过直线外一点，可以引两条以上直线与原直线平行（不相交）"的新公设来取代第五公设。他的理论在国内无人能懂，多次投稿均被拒绝，俄国彼得堡科学院甚至认为，"罗巴切夫斯基先生这方面的工作谬误连篇，今后不必理睬"。他出国演讲，又遭到冷遇。唯一听懂了他的理论的高斯，未敢公开表示赞同。高斯在日记和给友人的信中写道：会场上，自己大概是唯一听懂了罗巴切夫斯基工作的人。应该说明，高斯虽然未对新几何表态，却高度评价了罗巴切夫斯基的其他工作。经高斯提名，德国科学院授予罗巴切夫斯基通讯院士的光荣称号。然而，罗巴切夫斯基最杰出的工作，却长期得不到承认。一些人觉得，这个喀山大学教授、校长让人无法理解，为什么会坚持那些明显荒谬的东西？另一些人则干脆视他为骗子。罗巴切夫斯基晚年双目失明，处境凄凉，但仍在学生的协助下，顽强地通过口述完成了自己的工作，并在逝世前，终于得到世界的认可。罗巴切夫斯基的新几何，被称为罗氏几何。

数学家黎曼用另一个公设来代替欧几里得的第五公设。他提出，"过直线外一点的任何直线都必定与原直线相交"，他所建立的几何被称为黎氏几何。

10. 欧氏、罗氏和黎氏几何各有什么特点？

实际上，欧氏几何、罗氏几何、黎氏几何描述的是不同曲率的空间。欧氏几何描述零曲率空间（如平面），黎氏几何描述正曲率空间（如球面），罗氏几何描述负曲率空间（如伪球面、马鞍面）。黎氏几何和罗氏几何又被合称为非欧几何（图 2-2）。弯曲空间中没有直线。罗巴切夫斯基等人谈论的直线实际是短程线，即两点之间的最短线，平直空间中的短程线就是直线，短程线可以看作直线在弯曲空间的推广。罗巴切夫斯基等人所说的平行直线，实际上是不相交的短程线。

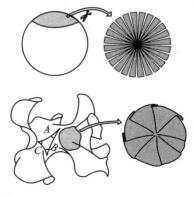

图 2-2　非欧几何

　　表2-1列出了三种几何的特点。为了加深对弯曲空间几何的了解，我们以球面为例来解释一下黎氏几何的特点。球面上没有直线，它上面任意A、B两点之间的短程线是大圆周。这个大圆周可用球心O与A、B三点决定的平面来定出。此平面与球面的交线就是大圆周。例如，地球上的所有经线和赤道都是大圆周。赤道以外的纬线虽然是闭合的圆线，但都不是大圆周。球面上的平行线就是两个不相交的大圆周。实际上，不相交的大圆周根本不存在。试想，难道能找出一个与赤道不相交的大圆周吗？根本不可能。所以，球面上不存在平行线。再看球面上的三角形。平面上的三角形必须用直线围成，不能用曲线围成，所以球面上的三角形也必须用短程线（大圆周）围成。我们看赤道与任意两条经线围成的三角形（图2-3）。两条经线都与赤道正交，交角都是90°，两条经线间的夹角必定大于0°，所以三角形三内角之和一定大于180°。在北半球任选一条纬线C作为圆周，以北极点为圆心，北极到这条纬线的经线长度为半径，这样算得的圆周率肯定小于π（图2-4）。

大圆（测地线）

图2-3　球面上三角形的三内角

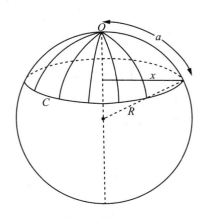

图2-4　球面上的圆周率

表 2-1   三种几何的特点

	空间曲率	平行线	三角形 三内角之和	圆周率	例
黎氏几何	正	无	>180°	$<\pi$	球面
欧氏几何	零	一条	=180°	$=\pi$	平面
罗氏几何	负	两条以上	<180°	$>\pi$	伪球面、马鞍面

罗氏几何和黎氏几何，统称非欧几何。1854 年，黎曼从更高的角度把这三种几何统一起来，成为黎曼几何，用来描述弯曲和扭曲的几何客体。黎曼曾用这一工作，在哥丁根大学做了申请一个讲师职位的求职报告。

黎曼天才地预见到，真实的空间不一定是平直的。如果不平直，就不能用欧氏几何来描述，而要用黎曼几何来描述。他还预见，物质的存在可能造成空间的弯曲。

黎曼几何，为爱因斯坦把他的相对论发展为广义相对论，准备了数学基础。

11. 爱因斯坦怎样构建广义相对论？

爱因斯坦认为，他的新理论应该建立在等效原理、马赫原理、广义相对性原理和光速不变原理的基础之上。

爱因斯坦注意到引力和惯性力都是万有的，引力只与引力质量有关，惯性力只与惯性质量有关，它们与物质的其他特性（如电荷、磁性、化学组成等）均无关系。引力质量与惯性质量的严格相等暗示人们，这两种质量很可能是同一个东西。

爱因斯坦提出马赫原理与等效原理，他推测引力与惯性力有相同的本质。

从等效原理可知，只有引力场与惯性场存在时，任何质点，不论质量大小，在时空中都会描出同样的曲线，自由落体实验已表明了这一点。再如，在真空中斜抛金球、铁球和木球，只要抛射的初速和倾角相同，这三个球都将在空间描出相同的轨迹。这就是说，质点在纯引力和惯性力作用下的运动，与它的质量和化学成分无关。

于是，爱因斯坦做出了物理思想上的一个重大突破，他大胆猜测，引力效应可能是一种几何效应，因为几何效应可以与物体的质量和组成成分无关。这样看来，万有引力可能不是一般的力，而是时空弯曲的表现。由于引力起源于质量，他进一步猜测时空弯曲起源于物质的存在和运动。

爱因斯坦产生了与当年黎曼类似的猜想。但是，今天的爱因斯坦已经掌握了大量的物理知识，创建新理论的条件已经成熟，这些都是当年黎曼不可能具备的。

如何把时空几何与运动物质联系起来呢？爱因斯坦在建立新理论的过程中感到自己的数学知识欠缺，他需要新的数学工具。于是，他求助于自己的好友格罗斯曼。当时格罗斯曼已是大学的数学教授，他再次对朋友伸出了诚挚之手，用 3 天时间查阅了一批文献，然后告诉爱因斯坦，当时一些意大利人正在研究的黎曼几何和张量分析，也许对他有用。爱因斯坦早就对黎曼几何有定性了解，在他与"奥林匹亚科学院"的朋友们共同阅读过的《科学与假设》一书中，庞加莱就曾介绍过黎曼几何。这本书当时引起过爱因斯坦和他的朋友们的极大兴趣。现在发现书中的有趣内容居然有可能在自己的研究课题中派上用场，于是爱因斯坦愉快地接受了格罗斯曼的忠告，努力钻研黎曼几何，几经曲折，终于在格罗斯曼和希尔伯特的帮助下建立起新的辉煌理论——广义相对论。

爱因斯坦起先与格罗斯曼合作，得到一个场方程，但有重大缺陷。他到德国后，又与希尔伯特探讨。希尔伯特对爱因斯坦的工作很感兴趣，他一边与爱因斯坦探讨，一边也独自开始了寻找场方程的工作。在场方程发现的最后阶段，他和爱因斯坦还进行了有趣的竞争。

1915 年 6 月。爱因斯坦在哥廷根大学用一个星期的时间详细报告了自己有关广义相对论的研究工作。希尔伯特参加了会议，对爱因斯坦的研究内容有了一个详细的了解。10 月，爱因斯坦发现自己的工作有误，而且听说希尔伯特也发现了他的工作的错误。于是爱因斯坦加快了工作，从 11 月 4 日开始，每周四在科学院做一个报告，介绍自己的研究进展。11 月 18 日，爱因斯坦算出了水星轨道近日点进动和光线偏折的正确值。11 月 25 日，他在报告中，给出了场方程的正确形式，并把自己的论文投给了《科学》杂志。该论文在 12 月 5 日刊登了出来。

希尔伯特曾在 11 月 19 日致信爱因斯坦。祝贺他算出了水星轨道近日点进动的正确值。他在 11 月 20 日完成了自己的论文，并比爱因斯坦早五天投了出去。不过，投出的论文中没有包含正确的场方程。希尔伯特看到了爱因斯坦公开发表的论文后，才在自己论文的清样中加上了正确的场方程。这篇论文于 1916 年的 3 月 1 日发表，比爱因斯坦的论文要晚两个多月。应该说明，希尔伯特的论文只是在数学形式上给出了正确的场方程，他并不了解它的深刻物理内容，而且，他对所得场方程的物理解释并不完全正确。所以完整的广义相对论理论，是爱因斯坦一个人创立的，希尔伯特后来也承认这一点。

另外，也应该说明，在爱因斯坦寻找场方程的过程中，希尔伯特肯定对他有所帮助。在结识希尔伯特之前，爱因斯坦曾长期寻找场方程的正确形式，均没有结果。但在与希尔伯特交流后仅几个月时间他就找到了正确的场方程。这表明与希尔伯特的讨论，肯定对爱因斯坦有不小的启发和帮助。爱因斯坦曾一度对希尔伯特的竞争有意见。在希尔伯特明确承认爱因斯坦是广义相对论的唯一发现者之后，两人还是维持了很好的友谊。

新理论克服了旧理论的两个基本困难，用广义相对性原理代替了狭义相对性原理，并且包容了万有引力。爱因斯坦认为，新理论是原有相对论的推广，因此称其为广义相对论，而把原有的相对论称为狭义相对论。

实际上，广义相对论的建立比狭义相对论要漫长得多。最初，爱因斯坦企图把万有引力纳入狭义相对论的框架，几经失败使他认识到此路不通，反复思考后他产生了等效原理的思想。爱因斯坦曾回忆这一思想产生的关键时刻："有一天，突破口突然找到了。当时我正坐在伯尔尼专利局办公室里，脑子忽然闪现了一个念头，如果一个人正在自由下落，他决不会感到自己有重量。我吃了一惊，这个简单的理想实验给我的印象太深了。它把我引向了引力理论……"从1907年发表有关等效原理的论文开始，除在数学上曾得到格罗斯曼和希尔伯特的有限帮助之外，爱因斯坦几乎单枪匹马奋斗了9年，才把广义相对论的框架大体建立起来。1905年发表狭义相对论时，有关的条件已经成熟，洛伦兹、庞加莱等一些人，都已接近狭义相对论的发现。而1915年发表广义相对论时，爱因斯坦则远远超前于那个时代所有的科学家，除他之外，没有任何人接近广义相对论的发现。所以爱因斯坦自豪地说："如果我不发现狭义相对论，5年以内肯定会有人发现它。如果我不发现广义相对论，50年内也不会有人发现它。"

12. 能否简单介绍一下广义相对论?

　　广义相对论，实际上是一个关于时间、空间和引力的理论。狭义相对论认为时间、空间是一个整体(四维时空)，能量、动量是一个整体(四维动量)，但没有指出时间—空间与能量—动量之间的关系。广义相对论指出了这一关系，认为能量—动量的存在(也就是物质的存在)，会使四维时空发生弯曲!(图 2-5)万有引力并不是一般的力，而是时空弯曲的表现! 如果物质消失，时空就回到平直状态。

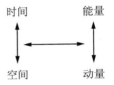

图 2-5　四维时空与四维动量的关系

　　爱因斯坦给出了广义相对论的基本方程，这个方程被称为"爱因斯坦场方程":

$$R_{\mu\nu} - \frac{1}{2} g_{\mu\nu} R = \kappa T_{\mu\nu} \qquad (2.5)$$

式中常数 κ 与万有引力常数 G 有关:

$$\kappa = \frac{8\pi G}{c^4} \qquad (2.6)$$

其中 c 是光速。爱因斯坦场方程是张量方程，式中带有下角标字母的 $R_{\mu\nu}$、$T_{\mu\nu}$、$g_{\mu\nu}$ 以及 R 都是张量。爱因斯坦之所以采用张量来表述广义相对论，是因为张量方程在坐标变换下形式不变，他认为这符合自己的广义相对性原理:物理规律不依赖于坐标系的选择。我们不想在此处做过于专门的讨论，感兴趣的读者可看任何一本介绍广义相对论的书籍。

用爱因斯坦场方程可以精确地算出，能量—动量的存在如何影响时空的弯曲。该方程左端是描述时空曲率的量，右端是描述能量—动量的量：

$$时空曲率＝能量动量$$

实际上，这是由 10 个二阶非线性偏微分方程组成的方程组，非常难解。

广义相对论认为，质点在万有引力作用下的运动（如地球上的自由落体运动，行星的绕日运动等），是弯曲时空中的自由运动——惯性运动。它们在时空中描出的曲线，虽然不是直线，却是直线在弯曲时空中的推广——测地线，粗略地说，测地线就是短程线，即两点之间的最短线或最长线（注意，相对论中把最短线和最长线都称为短程线）。当时空恢复平直时，测地线就成为通常的直线。需要说明的是，在通常的平直空间或正曲率空间中，两点之间存在最短线。但在相对论的四维时空中，两点之间有的有最短线，有的却没有最短线，只有最长线。例如，自由质点描出的测地线，实际上是两点间最长的世界线，而不是最短线。双生子佯谬问题中的直线就是测地线，是两点间的最长线。也就是说，在两个确定的时空点之间运动的一群人，其中处于惯性运动状态的那个人描出的世界线最长。由于世界线的长度就是他经历的真实时间，所以他经历的时间也就最长。

爱因斯坦采用数学家们已经得到的测地线方程，作为决定弯曲时空中自由质点如何运动的运动方程：

$$\frac{\mathrm{d}^2 x^\alpha}{\mathrm{d}s^2} + \Gamma^\alpha_{\mu\nu} \frac{\mathrm{d}x^\mu}{\mathrm{d}s} \frac{\mathrm{d}x^\nu}{\mathrm{d}s} = 0 \qquad (2.7)$$

方程中 s 是测地线的弧长，$\Gamma^\alpha_{\mu\nu}$ 称为"联络"，描述引力场强或惯性场强。

场方程表示"物质告诉时空如何弯曲"，运动方程则表示"时空告诉物质如何运动"。

爱因斯坦初建广义相对论时，认为广义相对论的基本方程有两个：场方程(2.5)和运动方程(2.7)。后来，爱因斯坦和福克分别证明，从场方程可以推出运动方程，因此，广义相对论的基本方程只有一个——场方程(2.5)。

另外，在他们的证明中还得到一个值得注意的副产品：场方程中作为场源的质量，在推出的运动方程中，同时出现在惯性质量和引力质量两个位置上。这告诉我们，在广义相对论的理论框架中，引力质量和惯性质量是同一个东西。

严格而美妙的数学物理体系，高深难懂的黎曼几何和张量分析，精密神奇的实验验证，再加上爱因斯坦发表狭义相对论和光量子说的巨大影响，使广义相对论一下就得到了科学界的承认，爱因斯坦的威望也达到了一生中的顶峰。

13. 能否对弯曲时空做一个形象的比喻？

我们打个比方来说明时空弯曲(图 2-6)。假如四个人各拉紧床单的一个角，床单这个二维空间就是平的。放一个小玻璃球在上面，如果不去推它，它就会保持静止或匀速直线运动状态不变(假设床单足够光滑，床单的微小摩擦力可以忽略)。如果床单中央放一个铅球，床单就会凹下去，这个二维空间就弯曲了。这时，如果再放置一个小玻璃球在床单上，它就会滚向中央的大球。在这个例子中，大球相当于地球，小球好比一个下落的物体。按照牛顿的观点，这是由于大球用"万有引力"吸引小球。按照爱因斯坦的观点，则是由于大球的存在使空间弯了，并不存在什么"引力"，小球落向大球乃是弯曲空间中的自由（惯性）运动。如果给小球一个横向速度，它就会绕大球转起来。这时可把大球看作太阳，小球比作行星。为什么小球不远离大球飞向远方呢？按照牛顿的观点，这是由于小球受到大球的"引力"，不能飞向远方，只能环绕大球运动。按照爱因斯坦的观点，小球并未受到任何力，只是由于空间弯曲了，在弯曲空间中它做自由（惯性）运动不能飞向远方。

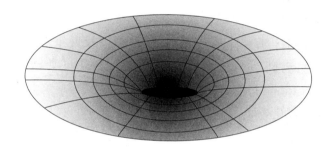

图 2-6　弯曲的空间

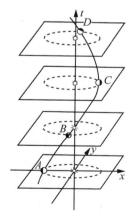

图 2-7　四维时空中
行星绕日的运动

对上述比喻应该加以解释的是，上面说的只是空间弯曲，而广义相对论说的则是四维时空的弯曲。太阳的存在使四维时空弯曲了，行星绕日运动，就是在弯曲时空中的惯性运动，行星轨道是四维时空中的测地线，根本就不存在什么万有引力。注意，这里所说的测地线不是指行星在三维空间中的椭圆轨道，而是指图 2-7 中所示的行星在四维时空中描出的螺旋状轨迹。

我们看到，依照爱因斯坦广义相对论的观点，伽利略所认为的行星绕日运动是惯性运动的想法，其实是深刻而正确的。

14. 广义相对论有哪些实验验证？

爱因斯坦发表广义相对论的时候，求出了场方程的一些近似解。他在发表自己理论的时候，同时提出了 3 个检验广义相对论的实验：①引力红移；②行星轨道近日点的进动；③光线偏折。这 3 个实验均被观测证实。除去这 3 个验证实验外，还有 1970 年前后所做的雷达回波延缓实验；1978 年发现的脉冲双星运转周期减小，从而间接证实引力波存在的实验；以及近年来通过激光干涉仪直接探测到引力波的实验。此外，还有与全球定位系统（Global Positioning System，GPS）有关的狭义与广义相对论造成的时钟速率变化效应。

15. 什么是引力红移？

按照广义相对论，时空弯曲的地方，钟走得慢，即时间会变慢。时空弯曲得越厉害，钟走得越慢。所以，太阳附近的钟，会比地球上的钟走得慢。但是我们不可能在太阳表面放一个钟，即使放一个钟也不敢用望远镜去看，太阳光实在太强了。不过没有关系，太阳表面原本就有钟。我们知道，每种元素都有特定的光谱线。一根频率为 ν 的光谱线，表示原子内部有一个以频率 ν 走动的钟。太阳表面有大量氢原子，因此可以比较太阳附近氢原子发射的光谱线和地球实验室中的氢光谱线来进行检验。由于太阳附近的钟变慢，那里射过来的氢原子光谱线（与地球上的氢光谱比较）频率会减小，即谱线会向红端移动。这就是广义相对论预言的引力红移，它反映太阳表面的钟变慢。后来的观测实验证实了这一预言。

此后，人们又检验了银河系中其他一些恒星的引力红移。白矮星等高密度恒星的引力红移远比太阳强，但这些恒星离我们太远，观测精度较低。后来，人们又利用穆斯堡尔效应在地面上检验了引力红移。上述检验的结果均与广义相对论的预言一致。

近年来广泛应用的全球定位系统，也证实了狭义相对论的动钟变慢效应和广义相对论的时空弯曲造成时钟变慢效应。例如，在 2 万米高空的卫星上的铯钟，由于相对于地面的高速运动，将会比地面上的静止钟每天慢 7 μs，这是属于狭义相对论的动钟变慢效应。同时，由于地面处比 2 万米高空处时空弯曲厉害，按照广义相对论的引力红移效应，高空的钟将比地面的钟每天快 45 μs，两个效应综合起来，卫星上的钟每天比地面静止钟快 38 μs。实际观测证实了上述理论计算的结果。

另外，近年来的研究表明，宇宙学红移（即天文观测发现的河外星系远离我们造成的红移现象）不属于多普勒效应，也属于引力红移。

16. 什么是行星轨道近日点的进动？

爱因斯坦谈到的第二个检验广义相对论的实验是行星轨道近日点的进动。

牛顿的万有引力定律算出，行星的轨道是一个封闭的椭圆，正好与开普勒定律相符。然而，实际观测表明，行星轨道不是一个封闭的椭圆，轨道的近日点不断向前移动（进动，图 2-8）。这个效应以离太阳最近的水星最为显著，每百年高达 $5600''$，这种效应主要可归因于天文学上的岁差，以及其他行星对水星运动的影响。

扣除这些影响后，尚有约43弧秒/百年的进动无法解释。当时许多人怀疑存在一颗比水星离太阳更近的未知行星，而水星轨道的剩余进动就来源于这颗星的影响。法国天文学家勒维叶在预言海王星成功之后，曾通过水

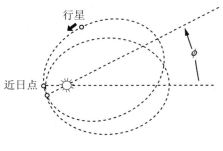

图 2-8　行星轨道进动

星轨道的这一偏差反推出这颗离太阳极近的未知行星的轨道，由于它离太阳这个火球非常近，给它起名为火神星。曾有一次，有人把太阳盘面上移动的一个黑点误认为是这颗未知的行星，然而不久就发现那不过是太阳表面的一个黑子，所谓的火神星纯属子虚乌有。此后，水星轨道近日点每百年 43″ 的进动一直是个未解之谜。

广义相对论算出的行星轨道，本身就不是一个封闭的椭圆，不需其他行星影响，自己就会进动。而且，对于水星轨道，这个进动值恰恰就是每百年 43″。这样，实验观测支持了广义相对论。而且，这一实验是所有验证广义相对论的实验中精度最高的。

爱因斯坦在完成广义相对论之前，就知道水星轨道这 43″ 的进动值一直没有得到解释。当他用广义相对论算出这一进动值时，高兴极了，他在给洛伦兹的信中说："我现在正为历尽艰辛获得的理论的清晰，以及它与水星轨道近日点进动的一致而感到快乐。"他在给其他友人的信中说："（在发现自己的理论与水星轨道进动值密切相符后）我简直高兴极了，一连几个星期我都高兴得不知怎么样才好。"这毫不奇怪，因为物理学（其他自然科学也一样）是一

门实验与测量的科学，只有能够被实验和测量严格定量证实的理论才能进入物理学。爱因斯坦认识到，广义相对论与水星轨道运动的这种高度一致性，表明自己已经找到了正确的引力场方程，自己的理论已经成功了。

17. 什么是光线偏折？

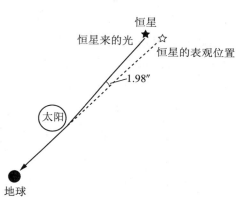

图 2-9　光线偏折图

　　爱因斯坦检验广义相对论的第三个观测实验是光线偏折（图 2-9）。由于太阳造成时空弯曲，遥远恒星的光通过太阳附近时会发生偏折，弯向太阳。虽然从牛顿的万有引力定律也可得出光线偏折的结论，但其偏转角只有广义相对论预言值的一半。这一观测很难进行，需要拍下太阳背后的星空，来与太阳不存在时的同一星空照片比较，观察并测量恒星位置的偏离。太阳比恒星亮得多，白天根本不可能拍下太阳背后的星空。唯一的可能是在发生日全食的时候进行拍摄。当月亮完全挡住太阳，太阳背后的恒星在黑暗中显现的时候，抓紧拍下照片。不存在太阳的同一星空背景，则需在几个月前或几个月后拍摄。平常我们看到太阳每天从东方升起到西方下落一次，这叫太阳的周日运动（地球自转引起）。此外，太阳还有一个周年运动（地球公转引起），即每天的同一时刻，太阳在星空背景上的位置都不同，都要移动差不多 1°，全年正好移动一周。所以，白天出现在太阳背后的星空，几个月前或几个月后，将在夜间出现。

　　第一次世界大战结束之后，英德两国仇恨很深。英国政府拿出一笔钱，希望用于能够增进英德两国人民之间友谊的项目。英国天体物理学家爱丁顿申请用这笔钱检验光线偏折。他说，广义相对论由德国人提出，现在由我们英国人去检验，这不就能增进英德友谊吗？第一次世界大战期间，爱丁顿反战，拒绝服兵役，英国政府曾想把他送上军事法庭。但又一想，把这么著名的科学家送上法庭，负面影响太大，只好算了。这次，爱丁顿申请到了这笔经费。他领导的英国观测队，在1919年日全食的时候，首次进行了检验光线偏折的观测。为此爱丁顿等人花了大量心血，做了一系列准备工作，两支观测队分别到达将出现日全食的不同地点，南美洲的巴西和非洲西岸的普林西比。爱丁顿亲自率领的一队，在普林西比碰上阴天，幸运的是在日全食即将结束之前，一阵风吹开了乌云。他们在6～8 min的日全食时间内，拍了15张照片。去巴西的那一队碰上晴天，但由于设备过热，照片发生了形变，经修正后认为可用。几个月后太阳移开了这一星空区，他们又拍了这一星空区的照片。从照片上比较，光线确实偏折了，两队观测数据显示的偏转角分别为 $1.61''$ 和 $1.98''$，接近广义相对论预言的 $1.75''$，而比牛顿万有引力定律预言的 $0.88''$ 大一倍左右。观测支持了广义相对论。消息传到德国时，有人问爱因斯坦有什么感想，他平静而自信地说："我从来没有想过会是别的结果。"在以后的几次日全食观测中，精度进一步提高，所测偏转角也更接近于广义相对论的预言值。所以，光线偏折实验是对广义相对论的有力支持。

18. 什么是引力波？　引力波是怎样提出的？

在牛顿的万有引力定律中，引力是瞬时传播的，从一点传播到另一点不需要时间。而在广义相对论中，万有引力（即时空弯曲）的传播需要时间，引力的传播速度是光速。如果引力源附近的时空弯曲随时间变化，这种变化就会以光速向远方传播，这就是所谓引力波。

进一步的广义相对论研究还表明，引力波是横波，与电磁波有点相似。但如果把引力场量子化，引力子会是静质量为零、自旋为 2 的粒子，与光子不大相同，光子的静质量为零、自旋为 1。

早在 1905 年，狭义相对论诞生的前夕，庞加莱就曾猜测可能存在以光速传播的引力波，爱因斯坦的广义相对论则直接从理论证明推导出了引力波的存在。

引力波的提出曾一波三折，极富戏剧性。爱因斯坦发表广义相对论不久，就曾在 1916 年预言过引力波的存在，然而他后来又产生过动摇。

1937 年前后，爱因斯坦与他的助手罗森完成了一篇研究引力波的论文，结论是不存在引力波，他把该文投给美国的《物理评论》杂志。编辑部找了一位物理学家审稿。这位物理学家写了长达 10 页的评审意见，认为爱因斯坦的论文有问题。编辑部把评审意见匿名后转给爱因斯坦，并告诉爱因斯坦，在他按审稿意见修改或做出审稿人满意的答复之前，他的论文不能发表。爱因斯坦那个气呀，心想我是谁，我是相对论的缔造者，居然有人这样居高临下地评审我的相对论论文。爱因斯坦对编辑部未经他同意就让别人审他的稿十分不满。他给编辑部写了一封信，他在信中写道：

"我十分抱歉，不知道贵刊还需要审稿，我没有授权你们把我的稿件拿给别人看。请把稿件退还给我。"于是编辑部把稿件退给了他，并付了一封回信："尊敬的爱因斯坦教授，我们也十分抱歉，我们不知道您不知道我们还是需要审稿的……"

恰在此时，爱因斯坦的学生兼朋友英费尔德来拜访老师。爱因斯坦就拿出了自己的稿件及评审意见给他看，问他有何看法。英费尔德看了后拿不定主意，他想到此地有一位叫罗伯逊的教授，正在研究广义相对论。于是英费尔德约罗伯逊会面，给他看论文和评审信件，征求他的意见。罗伯逊看完后，指出爱斯坦的论文的确有错误，并指明了错误之处。英费尔德又去见爱因斯坦，告知他罗伯逊的看法。爱因斯坦仔细一看，自己的论文果然有错，于是他改写了论文，结论变成了有引力波存在。他在论文的最后对罗伯逊和英费尔德表示了感谢，然后把论文投给了另一个杂志社。这件事使爱因斯坦对《物理评论》耿耿于怀，不但这篇文章没有再投给《物理评论》，而且从此之后再也不给《物理评论》投任何文章。

现在，几十年过去了，《物理评论》当年的评审意见解密了，那位说爱因斯坦论文有错误并写了 10 页审稿意见的人正是罗伯逊。

19. 20 世纪做了哪些探测引力波的努力？　引力波的间接发现是怎么回事？

虽然爱因斯坦和大多数相对论专家都认为存在引力波，但引力波长期未被发现。

美国马里兰大学的韦伯教授为观测引力波做了多年努力。他试图利用引力波的偏振效应来进行检测。作为横波的引力波，有两种偏振模式。这两种偏振都会在引力波的横截面上产生剪切效应。也就是说，引力波会使处于横断面上的物质在两个相互垂直的方向上不断交替地受到拉伸和压缩（图2-10）。韦伯想把这种拉伸和压缩产生的形变和应力转化为电磁信号，以检测引力波的到来。

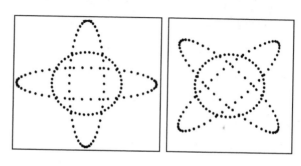

图2-10　引力波横截面上的两种偏振状态

　　他制作了两个相同的探测器，放在相距约1000 km的两个地方，以排除地震和人为活动的影响。探测器的主体是长约1.5 m、直径65 cm、重约1400 kg的铝制圆柱体（图2-11）。韦伯设想，当有垂直于圆柱体的引力波到来时，剪切效应在圆柱体上产生的形变和应力会转化为电磁信号，从而被我们观测到。

　　1969年，他宣布自己的两个相距遥远（约1000 km）的探测器同时探测到了频率为1660 Hz的引力波。但此后的一些试验表明，韦伯的这一结果不可靠，他并未观测到引力波。此后，韦伯并没有放弃自己的努力，他一直奋斗到不幸倒在自己实验室门口的雪地里，与世长辞。

图 2-11　韦伯和他的引力波探测器

　　1978 年，美国科学家泰勒和他的学生休斯宣布，他们经过对脉冲双星 PSR1913＋16 长达 4 年的精密观测，证实了引力波的存在。脉冲双星是一对中子星，围绕它们的质心旋转，他们发现这对双星的公转周期每年减少 10^{-4} s。如果认为它们的公转运动辐射引力波（图 2-12），计算表明引力辐射损失的能量，恰使这对双星的周期每年减少约 10^{-4} s。泰勒与休斯宣布，他们的观测结果和计算结果相符，从而间接证实了引力波的存在。1993 年，诺贝尔奖评委会宣布，由于他们对脉冲双星的研究打开了研究引力的新途径，授予他们诺贝尔物理学奖。不过，为慎重起见，评委会未明确说他们证实了引力波的存在。

图 2-12　双星转动辐射引力波的示意图

后来，世界上有若干个研究引力波的小组，继续开展探测引力波的工作，相应的理论研究也继续进行。这些探测方案的原理大都基于引力波的偏振性质产生的剪切效应。剪切效应使得激光干涉仪的臂长发生变化，从而造成光程差的改变，产生干涉条纹的移动。具体方案有人主张上天，同时发射多颗人造行星，在地球附近构成三角形，围绕太阳旋转，观测引力波到来时这些行星间距的变化；有人主张入地，在地下打洞，把光路很长的干涉仪置于真空系统中，观测引力波来临时干涉条纹的变化。还有不少人建议其他方案。不过，直到 20 世纪末，引力波探测没有取得实质性突破。

20. 直接探测到引力波是怎么回事？

2016 年 2 月 11 日美国激光干涉引力波天文台（LIGO）宣布观测到了引力波信号。他们观测到此次信号的实际时间是 2015 年 9 月 14 日（因此这一发现标记为 GW150914）。出于慎重起见，他们没有立即宣布这一发现，而是进行了反复推敲，直到确认无误后才予以公布。所以发表时间推迟了将近 5 个月。他们宣称，此次观测到的引力波，产生于 13.4 亿年前两个黑洞的碰撞与并合。

直接观测到引力波，是科学史上的一件大事。以前我们接收到的来自宇宙空间的信息都源自电磁相互作用，引力波则是来自引力相互作用。人们形象地把接收到电磁波（可见光、X 射线、γ 射线、微波、无线电波等）说成是"看见"，把接收到引力波说成是"听见"。引力波的发现，使人类打开了另一扇感知宇宙的窗口。

有趣的是，接收到此次引力波的时间恰是广义相对论发表 100 周年。而公布这一发现的时间，则恰是用广义相对论预言存在引力波的 100 周年。更为有趣的是，不仅广义相对论是爱因斯坦创建的，引力波是爱因斯坦首先预言的。而且，这次用于观测到引力波的激光理论也是爱因斯坦首先提出的。

作为横波的引力波，存在两种偏振模式。这两种偏振都会在引力波的横截面上产生剪切效应。也就是说，引力波会使处于横截面上的物质在两个相互垂直的方向上不断交替地受到拉伸和压缩。韦伯曾想利用这一性质导致的力学效应来探测引力波，但没有成功。这次，LIGO 团队则是利用剪切效应导致的光学效应来探测引力波。这一效应比力学效应观测精度高得多。

LIGO 团队建造了两台大型迈克尔孙激光干涉仪，分别放置在美国西北部华盛顿州的汉福德和美国东南部路易斯安那州的利文斯顿（图 2-13）。两地距离超过 3000 km，以避免地震或车辆运动等

图 2-13　位于利文斯顿和汉福德的两台大型激光干涉仪

人为因素引起的干扰。当引力波投射到干涉仪上时，剪切效应会引起干涉臂长度的伸缩，使得两束激光的光程不断交替变化，从而引起干涉条纹的移动(图 2-14)。为了提高观测精度，他们把干涉仪的两个臂各自构建成一个法布里-珀罗腔。干涉仪臂长 4 km，由于激光在干涉腔中来回反射 300 多次，大大增加了激光的光程，从而极大地提高了仪器的观测灵敏度。这次引力波引起的干涉仪臂长变化仅为质子半径的千分之一(10^{-18} m)，其观测精度实在是惊人。

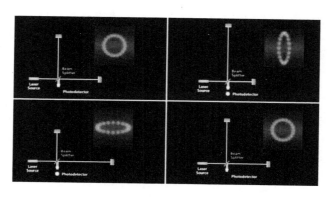

图 2-14　LIGO 激光干涉仪的工作示意图

　　研究表明，本次引力波产生于 13.4 亿年前两个黑洞(分别为 36 个和 29 个太阳质量)合并成一个大黑洞(约 62 个太阳质量)的猛烈碰撞。

　　从图 2-15 可以看到，两个黑洞一边绕着质心转动，一边靠近，然后并合，铃宕(从抖动趋于稳定)，成为新的大克尔黑洞。辐射的引力波形成脉冲信号，频率和振幅先大大增强，然后逐渐衰减。这次 LIGO 收到的引力波信号的频率从 35 Hz 上升到 250 Hz，这时振幅达到极值，然后振幅逐渐减小，信号持续时间约 0.2 s。利文斯顿和汉福德的激光干涉仪收到这一信号的时间先后差 7 ms，科学家由此推断出引力波源位于南半球的上空。

这次引力波事件仅观测到了引力信号，没有观测到任何电磁信号。此后，又探测到几个引力波事件，但也都没有观测到电磁信号。

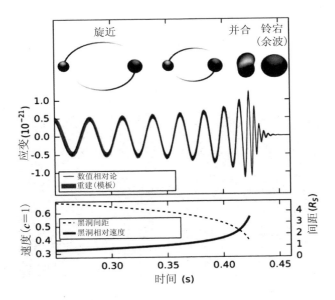

图 2-15   两个黑洞合并产生引力波信号的示意图

值得注意的是 2017 年 8 月 LIGO 观测到一个引力波信号（GW170817）的同时，天文界收到了来自天空同一方位的电磁信号。先是 γ 射线（γ 爆），然后依次观测到可见光、红外线、紫外线、X 射线和无线电波。研究表明，这是两颗中子星碰撞产生的引力波和电磁波。这是理论预言过的千新星现象。千新星亮度是新星的 1000 倍（是原来恒星的 10^7 倍），但又比超新星亮度弱约1000 倍。千新星爆发过程产生大量重元素，其中包括不少黄金。值得一提的是，这种千新星爆发过程是中国科学家李立新和帕金斯基首先预言的。

21. 广义相对论建立后有哪些重要进展？

1915 年，爱因斯坦构建起广义相对论的基本框架。

1916 年，史瓦西得到爱因斯坦场方程的一个重要的严格解，此解描写不随时间变化的球对称星体的外部时空的弯曲情况。利用这个解，可以严格算出爱因斯坦提出的 3 个实验验证的结果。此前，爱因斯坦是用近似解算出这 3 个实验验证的。

1917 年，爱因斯坦提出静态宇宙模型，并在场方程中引进宇宙项。

1922 年，弗里德曼用不含宇宙项的爱因斯坦场方程得出了膨胀宇宙模型，1927 年，勒梅特用含宇宙项的爱因斯坦场方程得到了类似的结果。膨胀宇宙模型得到 1929 年发现的哈勃定律的支持。

1937 年前后，爱因斯坦与福克分别独立证明了从场方程可以推出运动方程，使广义相对论的基本方程减少为 1 个，即场方程。

1948 年，伽莫夫等人提出大爆炸模型，促进了膨胀宇宙学的发展。

就广义相对论理论本身而言，从 20 世纪 40 年代之后就没有突破性进展。

20 世纪 50 年代更是广义相对论理论停滞发展的时期。1962 年，华沙举办了一次广义相对论研讨会，粒子物理学家费曼对会上的报告十分失望，忍不住在给妻子的信中写下了如下的感想："我没有从会上获得任何东西。我什么也没有学到。因为没有实验，这是一个没有活力的领域，几乎没有一个顶尖的人物来做工作。结果是一群笨蛋(126 个)到这儿来了,这对我的血压很不好。以后记着提醒我再不要参加任何有关引力的会议了。"

不过,情况很快就有了重大变化。1963 年克尔得到了转动星体外部时空的严格解,1967 年天文观测又发现密度极高的中子星,这大大促进了黑洞物理学的发展。1964 年微波背景辐射的发现,促进了大爆炸宇宙学的发展。这些成就都反过来推动了广义相对论的研究。

1978 年,泰勒和休斯通过对脉冲双星 PSR1913+16 运转周期的观测,间接证明了引力波的存在。2015 年,LIGO 团队直接观测到引力波,最终证实了引力波的存在。由于引力波是广义相对论的重要预言,所以引力波的发现必将大大推进广义相对论的研究。

此外,近年来与全球定位系统有关的狭义与广义相对论效应引起的钟速变化的证实,使广义相对论直接影响到人类的生活,这也会反过来促进广义相对论的研究。

三、黑　洞

1. 什么是黑洞?

　　200 多年前，英国学者米歇尔与法国科学家拉普拉斯就分别用牛顿力学预言了黑洞(当时称为暗星)的存在。他们认为，光源射出光子，就像大炮射出炮弹一样。当一颗恒星发出的光，能够被它自身的万有引力拉回来的时候，外界的观察者就看不见这颗星了。他们具体得出了形成暗星的条件:

$$r \leqslant \frac{2GM}{c^2} \tag{3.1}$$

其中，M 和 r 分别为恒星的质量与半径，c 为光速，G 为万有引力常数。这就是说，当一颗恒星的半径与质量满足(3.1)式所示的条件时，它就成为外界看不见的暗星了。

　　用经典力学很容易推出上式。光子的动能和势能分别为:

$$E_k = \frac{1}{2}mv^2 \tag{3.2}$$

$$E_p = \frac{GMm}{r} \tag{3.3}$$

式中 m 为光子的质量。当恒星表面射出的光子的动能超不过它的势能时，即

$$\frac{1}{2}mc^2 \leqslant \frac{GMm}{r} \tag{3.4}$$

时，我们就得到(3.1)式，这就是暗星形成的条件。但要注意，当时还不知道相对论，不知道光子静质量为零，也不知道真空中的

光速是常数，而且是极限速度。因此，这种暗星虽然光跑不出去，不见得别的任何东西都跑不出去。

从今天的科学水平看，上面的推导有两个错误：一是相对论告诉我们，光子的动能为

$$E = mc^2 \qquad (3.5)$$

并不是上面的(3.2)式；二是万有引力本质上是时空弯曲，(3.3)式应该改用广义相对论的式子。然而，这两个错误的作用相互抵消，米歇尔与拉普拉斯得到的暗星条件在今天看来仍然是正确的。

美国科学家奥本海默（世界上第一颗原子弹的总设计师）在1939年用广义相对论再次预言了暗星的存在，得到的公式与(3.1)式相同。1969年，美国物理学家惠勒建议把暗星称为黑洞。把

$$r_{\mathrm{g}} = \frac{2GM}{c^2} \qquad (3.6)$$

称为引力半径，它也就是黑洞的半径。

2. 黑洞是怎样形成的？

我们的地球，各部分之间存在万有引力，相互吸引，为什么地球不塌缩成一个点呢？这是因为组成地球的原子在万有引力作用下相互靠近时，原子内部的电子云分布会发生变化，不同原子的电子云间产生静电排斥力，这种斥力阻止各原子相互靠拢，与原子之间的万有引力达到平衡。所以地球不会塌缩成一个点。这也是所有固态和液态行星能够稳定的原因。

恒星（如太阳）的内部，温度超过 $1.5 \times 10^7 \mathrm{K}$，原子和离子的剧烈热运动，使它们有相互远离的倾向，这种排斥效应与万有引力相平衡，使得气态的恒星不会塌缩成一个点。

　　恒星之所以能维持这样高的温度，是因为它的内部发生着氢原子核聚合成氦原子核的热核反应，这种反应能够产生大量的热能。当太阳内部的氢逐渐烧完的时候，它的温度将下降，热排斥效应逐渐减弱，终于抵抗不住自身万有引力的吸引，这时恒星发生猛烈塌缩，原子间相互靠紧，但恒星质量远大于行星，电子云间的排斥力不足以抵挡万有引力的吸引效应。这时，原子的电子壳层将被挤碎，形成电子在原子核组成的晶格框架中游动的状态，或者说原子核"漂浮"在电子海洋中的状态。这种状态下，电子靠得很紧，这时一种新的称为泡利不相容原理的量子效应将起作用。这一原理说，两个电子不能存在于同一个状态，就像两个萝卜不能塞进同一个萝卜坑一样，硬要塞，它们就会相互排斥。电子非常靠近时，也会相互推斥。注意，这种新的排斥效应不是电子间同种电荷的斥力，此时电荷斥力已不足以顶住万有引力，这种新的更强的排斥力来源于泡利不相容原理，这是一种量子效应，是一种新的"力"。泡利斥力抵抗星体自身的万有引力，星体不再塌缩，而是形成一种新的高密度物质状态，物质密度高达 $(1\sim100)\,t/cm^3$。地球上密度最高的物质也不过每立方厘米几十克。这种惊人密度的恒星状态被称为白矮星，这是因为它个子小，发白光（温度高）。太阳将来会演变成白矮星，半径会从现在的 70 万千米（7×10^5 km）缩小到 1 万千米（10^4 km）左右。不过，大家不必担心人类的安全。科学研究表明，太阳保持目前这种状态的寿命有 100 亿年，现在只过了 50 亿年，太阳正处在自己的青壮年时期。至于 50 亿年之后，那时的人类肯定掌握了非常高级的科学技术，完全可以移民到别的太阳系去生活，我们的银河系有 1000 亿到 2000 亿个太阳，足够我们选择新的家园。何况宇宙间的星系数不胜数，广阔天地，足以生存。

　　白矮星靠电子间的泡利斥力支撑，不进一步塌缩。1930 年，24 岁的印度科学家钱德拉塞卡指出，白矮星有一个质量上限（后来称为钱德拉塞卡极限），$M=1.4m_\odot$。其中 $\odot$ 是从古罗马时代开始采用的表示太阳的符号，$m_\odot$ 为太阳质量。超过这一上限的白矮星不可能存在。这是因为质量越大的恒星，自身万有引力越大，电子相互间靠得越近，这时电子速度会加快，超过 1.4 个太阳质量的星体，电子已加速到接近光速，形成所谓"相对论性电子气"，这时电子间的泡利斥力会突然减弱，星体再也抵抗不住自身的万有引力，星体将进一步塌缩。后来的研究表明，星体倒还不至于塌缩成一个点。这时，电子会被压入原子核中，与质子"中和"成中子，形成一种基本上由中子构成的星——中子星。中子星靠中子间的泡利斥力支撑，中子间的泡利斥力大于电子间的泡利斥力。中子星密度可达（$10^8 \sim 10^9$）t/cm^3，实在是惊人。1939 年，奥本海默在研究中子星时发现，中子星也有一个质量上限，后来称为奥本海默极限，大约 3 个太阳质量。质量超过这一极限的星体，中子间的泡利斥力将抗不住自身引力，星体会进一步塌缩。计算表明，太阳如果形成中子星半径为 10 km，如果塌缩成黑洞，半径为 3 km。（注意，太阳质量小于钱德拉塞卡极限，实际上不可能形成中子星或黑洞。太阳的归宿只能是白矮星。）可见中子星与黑洞的大小相差不多。中子星进一步塌缩后，形成其他物质形态的星体的可能性不大，似乎不会再有任何物质结构、任何力能抗住这一塌缩，星体最终将塌缩到自己的引力半径以内，成为黑洞。

3. 作为黑洞边界的事件视界是怎么回事？ 奇点与奇环是怎么回事？

爱因斯坦发表广义相对论之后，德国学者史瓦西算出了一个不随时间变化的球对称星体外部的时空弯曲情况，称为场方程的史瓦西解。这个解在无穷远处回到平直时空，它合理地描写了球状星体(如太阳)外部的时空弯曲情况。用此解可以严格算出爱因斯坦预言的广义相对论的 3 个实验验证。爱因斯坦是在史瓦西解出现之前，用近似方法算出这 3 个实验验证的。

后来的研究表明，当球状星体向 $r=0$ 处无限缩小时，这个解会出现一个奇点和一个奇面。奇点在 $r=0$ 处，奇面在 $r=\dfrac{2GM}{c^2}$ 处。不难看出，此奇面的位置恰好是奥本海默预言的黑洞的表面(图 3-1)。

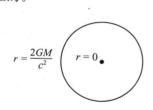

图 3-1 史瓦西黑洞

研究表明，奇面处时空曲率不发散，下落物体可以穿过这个奇面进入黑洞内部。

进一步的研究表明，这个奇面是所谓类光曲面(或称零曲面)。此类奇面非常奇特，它的法矢量是类光矢量，此矢量倒在切平面上，长度为零。这个奇面，就是黑洞的表面，称为事件视界，通常简称视界。事件视界内部(即黑洞内部)的任何物体(甚至光信号)都不可能跑出来，位于远方的观察者，得不到黑洞内部的任何信息。

综上所述，视界 $r=\dfrac{2GM}{c^2}$ 处的奇异性，属于假奇异。那里时空曲率正常，而且奇异性可以通过坐标变换消除。这种奇异性不是时空本身有毛病造成的，而是由于用来描述时空的坐标系选择得不好而造成的。

$r=0$ 处的奇点属于真奇异。那里的时空曲率发散（无穷大），而且奇异性不能通过坐标变换来消除。这种奇异性是时空本身有毛病造成的，与坐标系的选择无关。人们称这种时空本身的奇异性为内禀奇异性。

1961 年，克尔求得了转动星体外部的时空弯曲情况，称为场方程的克尔解。克尔解也有内禀奇异性，不过不是奇点，而是奇环。

4. 什么是时空坐标互换？ 什么是单向膜区？

相对论的研究表明，黑洞内部有一个特点，就是时空坐标互换。在黑洞外部 r 是空间坐标，t 是时间坐标。但在黑洞内部，t 成了空间坐标，r 成了时间坐标。从外部看，黑洞是一个半径为 r 的球体，但在引力半径之内（$r<r_g$ 的区域），r 不再是空间坐标，等 r 面不再是球面，而成了"等时面"。时间与空间不同，时间有方向，它不停地流逝。黑洞内部时间箭头指向 $r=0$ 处。进入黑洞的物体不可能静止，更不可能反向逃出黑洞，只能向 $r=0$ 处运动。任何力量都不可能阻止，因为时间一定要"前进"，万物也都必须"与时俱进"。等 r 面成了"单向膜"，单向性指向 $r=0$ 的奇点处。整个黑洞内部成了单向膜区。单向膜区是真空区，进入黑洞的物体都会在有限时间内穿越单向膜区抵达奇点。奇点也不再能看作"球心"，由于 r 是时间，$r=0$ 的奇点成了时间"终结"的地方。

注意，t 是位于洞外无穷远处的观测者经历的真实时间，所谓时空坐标互换，是无穷远观测者的看法。穿越视界进入黑洞内部的飞船上的宇航员不会感到时空坐标互换。这是因为飞船上的钟走的时间不是 t，而是宇航员亲身经历的固有时间 τ。τ 不发生时空坐标互换，宇航员感受不到这方面有什么异常。他感觉自己正常地飞进了黑洞，只是感到潮汐力越来越大，靠近奇点后，潮汐力强大到把飞船和宇航员全部撕碎，然后压入奇点。

5. 落向黑洞的飞船能够掉进黑洞吗？

广义相对论认为，时空弯曲的地方，钟走得慢，弯曲越厉害，钟走得越慢。太阳表面的钟就比地球上的钟慢。这种现象表现为，太阳表面发射的光，其光谱线比地球上同种元素的光谱线频率要低，波长要长，即光谱线的位置要向红端移动，这种现象称为引力红移。人们早已观测到太阳光谱的这种红移，认为这是对广义相对论的一个验证。然而太阳表面的时空弯曲得不够厉害，观测这一效应十分困难。黑洞表面处的时空弯曲得非常厉害，致使那里的钟变得无穷慢。从地球上看，黑洞表面的钟完全停止不走了。如果在那里放置一个光源，从地球上看，此光源射出的光会发生无限大的红移，频率会减小到零，波长会增大到无穷大。实际上，外界根本看不见这样的光。如果一艘宇宙飞船趋近黑洞，静止于无穷远处（如远离黑洞的地球上）的观测者将看到：一方面，飞船越接近黑洞，走得越慢。飞船内的时间过程也越来越慢，那里的人好像逐渐凝固成塑像。另一方面，由于飞船发出的光线的红移越来越大，而且单位时间内从飞船逃到无穷远的光子数越来越少，飞船将变得越来越红、越来越暗，逐渐冻结在黑洞的表面上，消失在那里的黑暗中。洞外观测者看不到飞船进入黑洞。

但是广义相对论告诉我们，对于飞船上的人来说情况并不是这样。他除了感到潮汐力越来越大之外，感觉不到任何异常。他将在有限的时间里（飞船上的时间）穿过视界进入黑洞。

　　什么是潮汐力呢？站在地球表面上的人，受到地球的万有引力。由于人的头和脚离地心的距离不同（相差他的身高），它们受到地球的引力也略有差别，大概是 3 滴水的重量。万有引力的这个差，就叫作潮汐力。地球上海洋的涨潮落潮，就是因为向着月亮一面的海水，与背着月亮一面的海水，离月亮的距离不同，所受月亮的万有引力有差别，这个差别引起了海水的上涨。这就是潮汐力名称的由来（图 3-2）。另外，地球上各点受月球引力的方向，有会聚的趋势，因此，除向、背月亮的两面的海水由于潮汐力而上涨外，侧面的海水则由于引力的会聚趋势产生落潮。此外太阳也对海水有类似的影响，涨潮落潮实际是月亮和太阳引力的综合效应。

月球

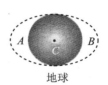
地球

图 3-2　潮汐力

　　广义相对论指出，进入黑洞的飞船和任何其他物质都将在有限的时间内穿越单向膜区到达奇点。如上个问题所说，时空坐标互换指的是黑洞外部观测者用来描述黑洞的那套时空坐标，不是飞船上宇航员用的那套时空坐标。飞船上的宇航员在穿越视界时，并未感到自己的时空坐标和时空概念有任何变化。用他自己的钟衡量，飞船将在有限的时间内穿过视界、经过单向膜区到达奇点。他感觉到的唯一变化是受到的潮汐力越来越大，最后终于把飞船和他自己撕碎，并压入体积为零的奇点（$r=0$ 处）。从进入黑洞到压入奇点，这一时间非常短，对于质量相当于太阳的黑洞（半径 3 km）只需不到 1 s。

值得注意的是，由于时空坐标互换，$r=0$ 现在不是黑洞的"球心"，而是时间终结的地方。这就是说，飞船和宇航员在经历有限时间之后，就"到达了时间的终点"。或者说，他们的时间将在有限的经历中结束。也可以说经过有限的时间，他们就处在时间之外了。至于"时间之外"是什么意思？今天的自然科学还不能回答。

黑洞外的观测者，看到趋近黑洞表面的飞船逐渐变慢、变暗、变红、冻结并消失在黑洞的表面处，觉得飞船似乎永远也没有进入黑洞。但飞船上的观测者则觉得自己没有什么异样感觉就进入了黑洞，只是潮汐力越来越大，在有限的时间内就被压入奇点，处于时间之外了。

不过，我们要问，相对于洞外的人，飞船真的永远不会穿越视界进入黑洞吗？如果我们不考虑下落飞船对黑洞的反作用，也就是说，不考虑飞船质量本身对时空弯曲和黑洞视界位置的影响，那么，对于洞外观测者来说，飞船真的永远也不会抵达视界面，更不用说穿越视界进入黑洞了。但是，由于在飞船充分靠近视界时，飞船质量会对那里的时空弯曲，特别是对视界的位置产生局部影响，使得视界突然发生局部的外扩，把飞船包进视界里。于是飞船就像经历了一次"宏观的隧道效应"一样，穿过视界，进入了黑洞。

那么，为什么洞外观测者永远只能看到飞船接近并"冻结"在黑洞外表面上，看不见它进入黑洞呢？那是因为组成飞船"背影"的光子留在了洞外，由于视界附近时空弯曲得非常厉害，这些光子只能一点一点地跑向远方，飞向远方的光子越来越稀，所以远方观测者只能看到飞船的图像越来越暗，逐渐消失在黑暗中，但看不见飞船落入黑洞。

6. 什么是白洞？

黑洞内部 r 是时间坐标，时间箭头指向 $r=0$ 处，因此落进黑洞的任何物质，甚至光，都不可能再逃出去，而必须跑向奇点。

如果洞内时间箭头的方向向外，指向 r 增大的方向，那么任何物质和光都将向外跑，不可能停留，更不可能向内跑。等 r 面仍然是单向膜，只不过单向性向外而不再向内。这样的洞称为白洞。

黑洞是任何东西都可以掉进去，但任何内部的东西都不能跑出来的洞；白洞则是任何东西都向外喷发，但任何东西都掉不进去的洞。白洞是黑洞的时间反演。广义相对论并不排斥白洞的存在。实际上，爱因斯坦场方程只解出了"洞"解，并未限定它是黑洞还是白洞。究竟是黑洞还是白洞，要看它形成的初始条件。天文学研究中发现了星体塌缩，这样形成的"洞"，初始形成时物质都向内跑，所以形成的洞一定是黑洞。至于白洞，虽然理论上并不否定其存在，但我们还想不出它怎么才能形成。所以，目前学术界主要关注黑洞，研究白洞的文章很少。

7. 转动带电的黑洞有什么特点？

转动黑洞称为克尔黑洞；转动同时带电的黑洞称为克尔-纽曼黑洞。这两种黑洞的结构相似，它们的视界和无限红移面会分开，而且视界会分裂成两个（外视界 r_+ 和内视界 r_-），无限红移面也会分裂成两个（外无限红移面 r_+^s 和内无限红移面 r_-^s）：

$$r_{\pm}=M\pm\sqrt{M^2-a^2-Q^2} \qquad (3.7)$$

$$r_{\pm}^{s}=M\pm\sqrt{M^2-a^2\cos^2\theta-Q^2} \qquad (3.8)$$

其结构如图 3-3 所示。(3.7)式与(3.8)式是用 $c=\hbar=G=1$ 的自然单位制表示的。若用普通单位制表示，(3.7)式应写为

$$r_{\pm}=\frac{GM}{c^2}\pm\sqrt{\left(\frac{GM}{c^2}\right)^2-\left(\frac{J}{Mc}\right)^2-\frac{GQ^2}{c^4}} \qquad (3.9)$$

式中 M、J、Q 分别为黑洞的总质量、总角动量和总电荷。$a=\dfrac{J}{Mc}$ 为单位质量的角动量。

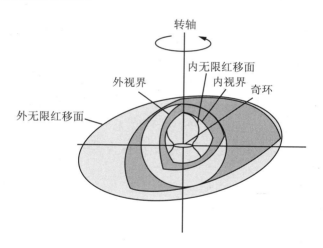

图 3-3　转动的克尔黑洞

　　外视界和外无限红移面之间的区域叫能层，有能量储存在那里。越过外无限红移面进入能层的飞船，仍有可能逃出去，这是因为能层还不是单向膜区。单向膜区位于内、外视界之间。那里 r 是时间，t 是空间。穿过外视界进入单向膜区的飞船或物体，将只能向前，穿过内视界进入黑洞内部。内视界以里的区域不是单向

膜区，那里有一个奇环。奇环和史瓦西黑洞的奇点类似，也是时间终结的地方。飞船可以在内视界以里的区域自由飞翔，由于奇环产生斥力，飞船不会撞在奇环上。不过，奇环附近有一个极为有趣的时空区，在那里存在"闭合类时线"，沿这种时空曲线运动的宇航员可以不断地回到自己的过去。

8. 什么是黑洞无毛定理？

研究表明，由于任何物质甚至光都不可能逃出黑洞，洞外的观测者将失去这些物质的几乎全部信息。黑洞外部的观测者，只能探知黑洞的总质量 M、总电荷 Q 和总角动量 J，其余信息都探测不到。人们把黑洞的信息戏称为"毛"，认为黑洞只剩下 3 根毛（M、Q、J）。于是有人提出黑洞"无毛定理"。该定理说，对于洞外的观测者，组成黑洞和掉进黑洞的物质失去了除上述 3 根"毛"之外的全部信息，他只能探知这 3 根"毛"。在读过《三毛流浪记》的中国人看来，"无毛定理"似乎不如称为"三毛定理"更为确切和幽默。

9. 什么是奇性定理？

黑洞内部有奇点和奇环，大爆炸宇宙有一个初始奇点，大塌缩宇宙有一个终结奇点。彭若斯和霍金证明了一个奇性定理（又称奇点定理），认为奇点和奇环的存在是一种普遍现象。满足爱因斯坦广义相对论的时空，如果存在物质，并且因果律成立，那么就一定存在奇点或奇环。

他们把奇点和奇环解释成时间开始或终结的地方。他们的奇性定理表明：任何一个合理的物理时空，都至少存在一个过程，它的时间有开始，或者有结束，或者既有开始又有结束。

这就是说，至少有一个过程，它是在有限时间之前开始的，或者将在有限时间之后终结，或者从开始到结束都只需有限时间。

时间是否有开始和结束的问题，一直是人们感兴趣的问题。不过，长期以来有关讨论只限于哲学和神学的领域，现在物理学家参加进来探讨了，而且认为一定存在时间有开始和结束的过程，这可是一件大事。这一结论是否正确？为什么得出这样的结论？吸引了许多物理学家的注意。这一问题被称为奇性疑难。大多数物理学家认为，出现这一问题是因为没有把引力场量子化的结果，一旦建立起成功的量子引力理论，奇性疑难就会消失。但也有一些相对论工作者不这样认为，他们认为引力场量子化解决不了奇性疑难，产生这一疑难可能另有原因。

10. 什么是宇宙监督假设？

研究表明，当不断向黑洞输送电荷和高角动量的物质，使黑洞的总电荷和总角动量不断增加的时候，黑洞的单向膜区会变薄，内、外视界会相互靠近，从(3.7)式可以看出这一点。当

$$a^2 + Q^2 \rightarrow M^2 \tag{3.10}$$

时，有

$$r_- = r_+ \tag{3.11}$$

内、外视界会重合，单向膜区变成一个无限薄的面。这种黑洞称为极端黑洞。这时如果再向黑洞输入电荷和角动量，将会有

$$a^2 + Q^2 > M^2 \tag{3.12}$$

这时 r_+ 和 r_- 成为虚数。这表明内、外视界不复存在，单向膜区完全消失，奇环将裸露出来，外部的观测者将会看见奇环(图3-4)。这可不得了。由于奇环会释放完全不确定的信息，这将使时空的

因果结构遭到破坏。为了避免这种不合理的现象出现，相对论专家彭若斯提出"宇宙监督假设"：

存在一位宇宙监督，它禁止裸奇点(或裸奇环)的出现。

这是一个十分有趣而又令人不解的假设。它使人想起了物理学发展过程中曾出现过的"自然害怕真空"的理论。

这位宇宙监督的背后，必然有一条物理学规律。这条规律是什么？非常值得探索。

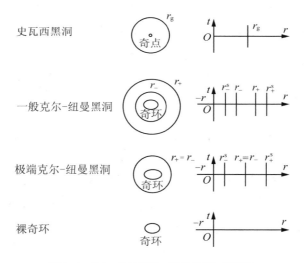

图 3-4   克尔-纽曼黑洞、极端黑洞与裸奇环

11. 什么是黑洞面积定理？ 黑洞热力学是怎么回事？

霍金证明，黑洞的表面积 A 随着时间的推移，只会增加，不会减少，即有

$$dA \geqslant 0 \tag{3.13}$$

由于一个黑洞分裂成两个后，两个新黑洞的表面积加起来比

原有的那个黑洞少；而两个黑洞合并成一个后，表面积会增加，所以面积定理告诉我们，黑洞不可能分裂，只可能合并。

美国的一位研究生贝肯斯坦在研究面积定理后认为，黑洞表面积的行为很像热力学中的熵。熵是混乱度的量度。热力学第二定律指出，孤立系统（或绝热系统）中的熵只会增加，不会减少。贝肯斯坦推测黑洞的表面积就是黑洞的熵。但是熵是一种热力学量，完全不涉及热性质的黑洞怎么会有熵呢？而且，从热力学观点看来，如果真有熵，就一定会有温度，因为熵和温度是热力学中一对不可分离的参量，有一个就必定有另一个。贝肯斯坦还把黑洞的参量写成了热力学第一定律的形式：

$$dM = \frac{\kappa}{8\pi}dA + \Omega dJ + VdQ \tag{3.14}$$

其中

$$\kappa = \frac{r_+ - r_-}{2(r_+^2 + a^2)} \tag{3.15}$$

$$A = 4\pi(r_+^2 + a^2) \tag{3.16}$$

式中 M、Q、J 分别为黑洞的总质量、总电荷、总角动量；A、Ω、V 分别为黑洞的表面积、黑洞表面的转动角速度和静电势；κ 是黑洞的表面引力，粗略地说，它就是静止在黑洞表面附近的单位质量的质点所受的引力。从式中不难看出，如果黑洞表面积 A 相当于黑洞熵 S，则表面引力 κ 就相当于黑洞温度 T。贝肯斯坦等人进一步给出了黑洞熵与温度的表达式：

$$S = k_B \frac{A}{4} \tag{3.17}$$

$$T = \frac{\kappa}{2\pi k_B} \tag{3.18}$$

式中 k_B 是玻尔兹曼常量。

(3.14)式很像热力学第一定律，面积定理很像热力学第二定律。一般说来，有温度的物体就会有热辐射。如果黑洞有温度，岂不是就会有热辐射从黑洞中逃出，黑洞就不再是"黑"的了吗？因此，霍金认为黑洞不可能有熵和温度。他认为贝肯斯坦曲解了自己的面积定理，黑洞的温度不是真温度，熵也不是真正的熵。

霍金等人建议可以把(3.14)式和(3.13)式称为黑洞力学（而不是热力学）第一定律和第二定律。A 像熵，但不是真正的熵，κ 像温度，但不是真正的温度。他们还进一步给出了黑洞力学的第三定律——不能通过有限次操作把 κ 降低到零，以及黑洞力学的第零定律——稳态黑洞表面的 κ 是一个常数。所谓稳态黑洞，就是不随时间变化的黑洞。

表 3-1 比较了普通热力学四定律和黑洞力学四定律。

表 3-1　热力学定律与黑洞力学定律比较

	普通热力学	黑洞力学
第零定律	处于热平衡的物体， 具有均匀温度 T	稳态黑洞的表面上， κ 是常数
第一定律	$dU=TdS+\Omega dJ+VdQ$	$dM=\dfrac{\kappa}{8\pi}dA+\Omega dJ+VdQ$
第二定律	$dS\geqslant 0$	$dA\geqslant 0$
第三定律	不能通过有限次操作， 使 T 降到零	不能通过有限次操作， 使 κ 降到零

随着研究的深入，人们逐步认识到黑洞的温度和熵就是热力学的温度和熵，黑洞力学的四条定律就是热力学四定律在黑洞情况的具体表现。于是，上述内容被称为黑洞热力学。

12. 什么是霍金辐射?

霍金最初不承认黑洞的温度和熵是真实的温度和熵,因为黑洞如果真有温度,就应该有热辐射,黑洞中的物质就会通过热辐射跑出来,这与黑洞是一颗"只进不出"的星的看法似乎相抵触。霍金明确反对贝肯斯坦的意见,认为他曲解了自己的面积定理。1973 年,霍金等人专门发表文章阐述自己的观点。

文章发表后,霍金又想:万一贝肯斯坦是对的呢? 他倒过来想:黑洞到底有没有可能发出热辐射呢? 莫非黑洞真会发出热辐射? 经过反复思考,他终于证明黑洞真的能发出热辐射,温度就是(3.15)式和(3.18)式所示的与 κ 成正比的 T。

黑洞内部是单向膜区,时间箭头指向 $r=0$ 的奇点,辐射怎么能跑出来呢? 霍金指出,黑洞热辐射是一个量子过程。以前认为黑洞"只进不出",考虑的都是经典过程,量子过程不同于经典过程。

众所周知,任何时空中都存在真空涨落:真空中会不时有虚的正能粒子(如正能电子)和负能反粒子(如负能正电子)产生,产生的虚正、反粒子对又会很快湮没。由于虚粒子对存在时间 Δt 很短,时间—能量测不准关系

$$\Delta E \Delta t \sim \hbar \tag{3.19}$$

产生的能量涨落会掩盖住虚粒子对的存在,使我们测不到它们。所以,这是一种不可测量的虚过程。但是,实验早已观测到真空涨落导致的一些间接效应,证实了真空涨落这种物理效应的存在。

霍金指出,当真空涨落发生在黑洞表面附近时,会有一种新的效应产生。黑洞内部单向膜区有一个特性:允许负能实粒子存

在，我们通常的时空（包括黑洞外部附近的时空），都不允许负能实粒子存在，只准正能实粒子存在。在黑洞表面（视界）附近，真空涨落产生的虚粒子对，有可能湮没掉，也有可能都掉进黑洞，这两种情况均不导致新的物理效应。然而，还有第三种情况：负能的一个落入黑洞，正能的一个飞向远方。例如，负能反粒子（如负能正电子）落入黑洞，正能粒子（如正能电子）飞向远方。落入黑洞的负能正电子在单向膜区顺时前进落向奇点，使那里减少一个正电子的质量，并增加一个正电荷。这时远方观测者看见了一个带负电的正能电子向他飞来，而黑洞减少了一个电子的质量和电荷（注意电子与正电子质量相同，电荷相反），于是他认为黑洞向他射出了一个电子。霍金指出，虚粒子对中的负能正电子落入黑洞，再顺时前进落向奇点，同时正能电子飞向远方；这一过程可以等效地看作一个正能电子逆时前进从奇点跑到黑洞表面，在那里被散射，再顺时前进飞向远方。

当然，真空涨落产生的虚粒子对中，也可能负能粒子（如电子）落入黑洞，正能反粒子（正电子）飞向远方，这时远方观测者将看到黑洞射出一个正电子。黑洞通过这种效应射出正、反粒子（如电子、正电子）的概率是相同的。

霍金严格证明了上述从黑洞发射的粒子具有黑体谱，也就是说从黑洞发射的是热辐射，其温度如

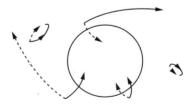

图 3-5　真空涨落与霍金辐射

（3.15）式与（3.18）式所示。后来，人们把黑洞的这种热辐射称为霍金辐射（图 3-5）。

13. 黑洞的负比热是怎么回事?

研究表明,由于黑洞的温度与它的质量成反比,黑洞的比热是负的。

通常物质的比热都是正的,吸热时温度升高,放热时温度降低。负比热的物质则不同,吸热时温度降低,放热时温度升高。这一性质使得负比热物质很难与正常物质达到稳定的热平衡。

设想一个被热辐射包围的黑洞,它们之间已达到热平衡,有相同的温度。由于微小的热涨落不可避免,如果涨落使黑洞温度略高于外部的热辐射,则黑洞射出的辐射将比吸收的多,黑洞质量将减少,温度将升高,与外界的温差将增大。增高的温度会促使黑洞发出更多的热辐射,这又将使黑洞质量进一步减少,温度进一步升高。结果黑洞越来越小,越来越热,最终在高温下爆炸消失,全部转化为热辐射。

如果涨落使黑洞温度略低于外界,黑洞吸收的热辐射将多于射出的,黑洞质量将增大,温度将降低,与外界的温差使更多的热流涌进黑洞,导致黑洞质量进一步增大,温度进一步降低。这就使得越来越多的外界热辐射涌进黑洞,热平衡被彻底破坏。

综上所述,黑洞一般不可能与外界处于稳定的热平衡状态,即使在某一瞬间达到了热平衡,也会在热涨落下自动破坏,向非平衡状态发展。不过,研究表明,当把黑洞装入一个盒子中,使黑洞周围的热辐射的质量不超过黑洞质量的 1/4 时,黑洞可以在这种特殊的条件下与热辐射处于稳定的热平衡状态。

另外,从黑洞的温度与质量成反比还可以知道,质量越大的黑洞温度越低,太阳质量的黑洞,温度约为 10^{-6} K。小黑洞温度会很高，十几亿吨重的小黑洞，温度可高达 10^{12} K。

14. 什么是黑洞的信息疑难？

无毛定理告诉我们，黑洞外部的观测者失去了构成黑洞的物质的几乎全部信息，外部观测者只能探知黑洞的总质量、总电荷和总角动量，不可能了解黑洞内部的物质处于什么状态，也不可能知道每个黑洞过去的历史，以及它们形成黑洞前是什么样的星体，塌缩过程有怎样的细节。总之，黑洞好像是一颗"忘了本"的星，它"忘记"了自己的过去。对于洞外的观测者来说，他们失去了形成黑洞的物质以及后来掉进黑洞的物质的几乎全部信息。不过，这些信息并未从宇宙中消失，只不过藏在了黑洞的内部。

霍金辐射发现之后，严重的困难出现了。由于黑洞有热辐射，黑洞内部的物质会以热辐射的形式跑出来，使黑洞中的物质减少。由于热辐射几乎不带出什么信息，转化成热辐射的那部分黑洞物质的信息就从宇宙中消失了。因为黑洞热容量为负，越发射热辐射，它的温度就越升高，这又将促使黑洞发射更多的热辐射……最终黑洞将在温度越来越高的演化下爆炸消失，构成黑洞的物质全部转化为热辐射，这些物质所包含的信息将几乎全部从宇宙中消失，宇宙中的信息将不再守恒！这就是黑洞的信息疑难。

15. 信息不守恒会产生什么影响？

研究表明，信息不守恒将导致量子理论中的概率不守恒。量子力学和量子场论中的演化算符是幺正算符，演化是幺正的，这种幺正性建立在概率守恒的基础上。到目前为止，我们的量子理论（涉及量子力学、各种规范场、量子引力等）全部建立在幺正演化的基础之上。如果信息真的不守恒了，概率守恒将不再保持，量子理论中的演化将不再是幺正的。这将迫使人们对整个量子理论做本质的改造。但是，大多数物理学家不愿对量子论做这种改造，他们非常不希望看到信息守恒被破坏。进行这种"本质的改造"需要巨大的勇气，需要付出艰辛的劳动，需要做出思想观念上的重大创新与突破。遗憾的是，在新的机遇面前，没有多少人愿意去尝试。

16. 霍金对信息疑难有什么看法？

大多数物理学家认为，应该坚持"信息守恒"，黑洞热辐射不应该破坏信息守恒。一些人认为黑洞热辐射不会是纯热谱，对热谱的偏离会使辐射把信息从黑洞中带出，从而维持了信息守恒。另一些人认为黑洞热辐射会在温度升高到一定阶段时"突然停止"，最后剩下一些"炉渣"，信息将保存在这些炉渣中。还有人提出其他的推测。

大多数相对论专家原本认为黑洞辐射信息不守恒，与主张信息守恒的人进行了长达几十年的争论。1997 年，霍金与索恩（引力波、时空隧道与时间机器的研究者）曾和普瑞斯基打赌，霍金和索恩认为黑洞辐射过程信息不守恒，普瑞斯基认为应该守恒。

霍金和索恩：	1997 年	普瑞斯基：
黑洞中的信息 丢失了	⟷	黑洞中的信息不会丢失， 会逸出或残留

2004 年 6 月，霍金突然改变态度，承认信息守恒。他认为以前把黑洞和黑洞辐射都想象得太理想化了。真实的黑洞辐射会带出信息，保持宇宙中信息守恒。当时，霍金做了一个演讲，宣称

自己输了。索恩仍坚持信息不守恒的观点，认为这件事不能由霍金一个人说了算。普瑞斯基则表示没有听懂自己为什么赢了。此后，霍金一直没有给出他承诺要发表的包括数学计算的论文，人们至今看到的仍然只是他的一些定性的科普论述。

霍金：我输了   2004 年

$\Longleftrightarrow$ 普瑞斯基：没有听懂我为什么赢了

索恩：没有输

有关信息是否守恒的争论仍在进行中。

17. 解决信息疑难的前景如何？

物理学中有能量守恒、动量守恒、电荷守恒等定律，但没有公认的信息守恒定律。那么宇宙中是否存在这一定律呢？近年来，信息论的研究取得了很大进展，信息论专家提出"信息熵"的观点，认为信息就是负熵。这一观点已经被许多物理学家（包括霍金）接受。物理学中有一条非常重要的定律——热力学第二定律。这条定律的核心就是告诉人们熵不守恒，宇宙中的熵只会增加不会减少。如果信息真的是负熵，那么熵增加就意味着信息减少，信息丢失。这样看来，学术界似乎不应该抱着信息守恒不放，而应该勇敢地放弃信息守恒，去对量子理论做必要的改进与发展。

四、宇宙学

1. 为什么爱因斯坦不把广义相对论用于量子论的研究，而把它用于宇宙学的研究？

爱因斯坦在创立广义相对论后，希望把这一理论应用于其他科学领域的研究。1920 年前后正值量子力学蓬勃发展的时期，一些人试图把广义相对论用于量子力学研究。但是，考虑到量子力学研究的内容主要与电子和原子核间的电磁相互作用有关，两个电子之间的电磁力是万有引力的 10^{37} 倍，万有引力的影响微乎其微，所以爱因斯坦认为广义相对论对量子力学不会有什么影响。由于宇宙是电中性的，星体间的电磁作用可以忽略，万有引力作用是主要的，所以他认为应该把自己的广义相对论应用于宇宙学的研究。

2. 什么是宇宙学原理？

当我们把视线从地球附近伸向远方的时候，看到的物质分布似乎都是成团结构的。卫星围绕着行星转，行星围绕着恒星转，众多的恒星形成星团和星系，围绕着它们的质心转。我们的银河系大约由 1000 亿～2000 亿颗恒星组成，形成直径达到 10 万光年的旋转的盘状结构。我们利用望远镜进一步发现，银河系还与几十个其他的银河系(称为河外星系)组成星系群。而且这种现象十分普遍，河外星系都聚集成星系团(含成百上千个河外星系)或星系群(含不到 100 个河外星系),团(或群)中的星系都围绕该团(或群)的质心转动。星系团(或群)的直径大约在一千万光年(10^7光年)。当望远镜伸向更远的空间时,人们发现在 10^8 光年以上,物质分布不再是成团的,众多的星系团(或群)均匀各向同性地分布在宇宙空间。目前望远镜观测的距离已超过 100 亿光年(10^{10}光年)。在这样辽阔的空间里,物质分布大体上是均匀各向同性的。

由于光的传播速度有限(不是无穷大),望远镜看到的天体都是它们过去的样子。例如,光从太阳到达地球需要 8 min,所以我们看到的太阳是它 8 min 前的样子;天狼星距离地球 9 光年,所以我们看到的是它 9 年前的样子。我们看到的最远的星系距离我们上百亿光年,实际看到的是它们上百亿年前的样子。因此可以说望远镜不仅在看远方,而且在看历史。

望远镜的观测表明,无论远近,星系团都是均匀各向同性分布的。由于越远的星系团,它们的图像越古老,这表明星系团不仅现在均匀各向同性地分布着,而且过去也是如此。

爱因斯坦根据上述观测事实,总结出一条原理:在宇观尺度上(10^8光年以上),宇宙中的物质始终均匀各向同性地分布着。这条原理被称为宇宙学原理。

3. 爱因斯坦主张的"有限无边静态宇宙"是怎么回事?

爱因斯坦提出宇宙学原理的时候,他头脑中的宇宙模型是不随时间变化的。他认为宇宙均匀各向同性,现在和过去大体上一样,虽然星系和星体在不断变化,可能在不断地产生和解体,但从大的尺度(宇观尺度)和大的框架上去看，物质的平均密度没有变化，星系的密度也大体没有变化。这就是说，他想象中的宇宙，从大的尺度上考虑是静态的，即不随时间变化的。

爱因斯坦希望从他的广义相对论场方程(即所谓爱因斯坦方程)，求解出这个静态宇宙模型。爱因斯坦方程是由 10 个二阶非线性偏微分方程组成的方程组，用以确定 10 个决定时空几何性质的未知函数(即度规张量的 10 个独立分量)。但方程组内含 4 个恒等式，因此独立方程是 6 个。再加入 4 个与坐标系选择有关的微分方程作为"坐标条件"，这样，独立的方程仍是 10 个。10 个方程，10 个未知函数，正好匹配。但解微分方程还必须有"初始条件"和"边界条件"，即必须知道所求解的系统的初始情况和边界处的情况。对于静态宇宙模型，初始条件好办，由于宇宙不随时间变化，过去和现在一样，初始条件就取现在的宇宙状态。

比较麻烦的是边界条件。宇宙的边界是什么样谁也没有见过。如果有人建议宇宙的"边界"是什么样的，立刻就会有人问，这个"边界"的外面是什么？算不算宇宙的一部分？在一般人看来，这可真是个难题。

爱因斯坦的思维方式确实了不起。他想象了一个"有限而无边"的宇宙。既然没有边，当然就不需要边界条件了。但是，有限怎么可能无边呢？在许多人看来，有限就是有边，无限就是无边。例如，一个桌面，有四条边，长乘宽就等于面积，大小有限，而且有边。一个二维欧几里得平面，无限而且无边。爱因斯坦建议人们想象一个半径为 r 的球面(如一个篮球或足球的球面)，面积有限，$4\pi r^2$。一个二维的扁片生物在上面爬，永远也碰不到边。这个球面就是一个有限无边的二维空间。爱因斯坦要求大家充分发挥想象力，去想象一个有限无边的三维宇宙空间。这个三维空间可不是一个实心球，它是四维时空中的一个三维超球面。

在这个有限无边的宇宙中，时间可以是无头无尾无止境的，所谓有限无边指的是三个空间维度。在这样的空间中，一艘飞船向北飞去，如果人可以永远不死的话，总有一天会看到这艘飞船在不做转弯动作的情况下从南面飞回来。

4. 什么是宇宙学常数?

爱因斯坦在头脑中构建了有限无边的静态宇宙模型之后，就力图用广义相对论场方程具体求解出这一模型。他不断努力，却总也得不出希望得到的结果。后来他终于明白了：自己的广义相对论是万有引力定律的推广，自己的场方程是牛顿万有引力定律方程的推广，万有引力只有"吸引"没有"排斥"，只有"吸引"没有"排斥"的模型不可能稳定，不可能是静态的。要想得到不随时间变化的静态宇宙模型，必须在自己的场方程中引进"排斥效应"。于是他在自己的场方程中加了一个所谓的宇宙项，把场方程改为

$$R_{\mu\nu} - \frac{1}{2} g_{\mu\nu} R + \Lambda g_{\mu\nu} = \kappa T_{\mu\nu} \qquad (4.1)$$

式中常数 Λ 称为宇宙学常数。爱因斯坦引进这种形式的宇宙项不是毫无根据的。他在创立广义相对论时，就曾试探地把场方程的左端写成此项的样子(左端仅有此项，无上式中的 R 和 $R_{\mu\nu}$ 项)。只不过这种形式的场方程有理论困难，显示与万有引力不同的排斥作用，而且得不出水星近日点进动等已知的天文学效应，爱因斯

坦不得不放弃了它，最终选取了方程(2.5)的形式。现在，为了解决宇宙学问题，他又把这样的项重新加进了场方程，使方程的左端增加到 3 项。

宇宙项的引入，确实引进了排斥效应，使爱因斯坦最终求出了有限无边的静态宇宙模型。

世界舆论再次为爱因斯坦欢呼，宣传他又一次做出了伟大的发现，弄清了我们的宇宙是什么样子。

5. 什么是膨胀宇宙模型和脉动宇宙模型？

正当爱因斯坦为自己的静态宇宙模型感到自豪的时候，一个杂志社的编辑部寄给他一篇文章，请他审稿(1922 年)。这篇文章是苏联的一位数学物理学家弗里德曼写的。他采用爱因斯坦最早提出的没有宇宙项的场方程，求出了一个严格解，这是一个动态的膨胀(或脉动)的宇宙模型。爱因斯坦认为此文有误，不能发表。杂志社把爱因斯坦的审稿意见转告了弗里德曼。由于审稿是背对背的，弗里德曼只知道审稿意见的内容，不知道审稿人是谁。弗里德曼针对审稿意见作了解答，但爱因斯坦仍然坚持认为膨胀模型是错误的，于是该杂志拒绝刊登弗里德曼的文章。弗里德曼不得不把他的文章改投给了一家德国数学杂志，由于这个杂志不太有名，弗里德曼的文章虽然刊登了出来，但没有引起学术界的注意。

几年后(1927 年)，一位比利时神父勒梅特用含宇宙项的爱因斯坦方程得到了类似的膨胀(或脉动)的宇宙模型。这位神父水平不低，能解爱因斯坦场方程，这可不是一件轻松的工作。勒梅特的论文发表不久，美国天文学家哈勃在 1929 年通过天文观测得到了哈勃定律。该定律表明宇宙确实在膨胀，于是弗里德曼和勒梅特的工作得到了学术界的认可，爱因斯坦最终承认膨胀宇宙模型是对的，表示愿意放弃自己的静态模型，并且宣布自己在场方程中加入宇宙项是错误的，场方程不应含有宇宙项，自己先前于 1915 年提出的不含宇宙项的场方程才是唯一正确的广义相对论基本方程。

爱因斯坦希望大家忘记宇宙项。但是，宇宙项就像《天方夜谭》中渔夫从魔瓶里放出的魔鬼一样，放出来就收不回去了。虽然爱因斯坦此后一直否定宇宙项，认为它不属于自己的场方程，可是广大的相对论和宇宙学研究者不同意，许多人仍然使用含宇宙项的爱因斯坦场方程，有些人则两种情况（含宇宙项和不含宇宙项）的场方程都用。这种情况一直持续到今天。爱因斯坦为此感到沮丧，认为提出宇宙项是自己一生中所犯的最大错误。

事实上，不管场方程含不含宇宙项，都可以得到膨胀宇宙模型。爱因斯坦的静态宇宙模型只是一种特殊情况。

宇宙膨胀又有 3 种演进方式：当宇宙中的物质密度很小，小于临界密度 ρ_c（每立方米 3 个核子）时，三维空间的曲率为负，这样的空间是无限无边的。由于密度小，万有引力的吸引效应弱，此效应虽然会使宇宙膨胀减速，但不足以使膨胀停止或转为收缩。这样的宇宙会永远膨胀下去。当宇宙中物质密度恰为临界密度 ρ_c 时，三维空间的曲率为零（即空间平直），宇宙仍是无限无边的，这样的宇宙也会永远减速膨胀下去。但当宇宙中物质密度大于 ρ_c 时，三维空间的曲率为正，这样的空间是有限无边的。由于物质密度已足够大，宇宙减速膨胀到一定大小时，引力效应会使膨胀转化为收缩，这样的宇宙演化将是脉动的，一胀一缩的。许多人认为，收缩的宇宙会发生反弹，再转化为膨胀，宇宙将不断地胀缩（脉动）（图 4-1）。

图 4-1　膨胀或脉动的宇宙

6. 什么是哈勃定律?

天文学家早就发现，绝大多数遥远星系发射的光的光谱线都向红端移动，但也有极少数星系的光谱线发生蓝移。他们最初认为光谱线移动是多普勒效应的表现。

天文学家认为，遥远星系光谱线的红移表明这些星系在远离我们，而那极少数光谱线蓝移的星系则在趋近我们。以后的研究表明，这些蓝移的星系实际上都属于我们的本星系群。它们和我们的银河系围绕着共同的质心旋转，其中一些向着我们运动，产生蓝移。这不是宇宙学效应，只是我们星系群内部的局部运动效应。

而那些不属于我们所在星系群，位于其他星系团或星系群的星系都产生红移，这表明红移是一种普遍的全宇宙的现象，人们称其为宇宙学红移。它表明所有的星系团或星系群都在远离我们。

1929 年，哈勃通过天文观测总结出一条规律，即星系的宇宙学红移与星系离我们的距离成正比：

$$Z=\frac{1}{c}HD \tag{4.2}$$

式中 Z 为红移量，c 为光速，D 为河外星系离我们的距离，比例常数 H 称为哈勃常数。由此容易推出，河外星系的退行速度 v 与它们离我们的距离 D 成正比：

$$v=HD \tag{4.3}$$

(4.2)式和(4.3)式即为常见的哈勃定律表达式。

图 4-2 是哈勃最早给出的得出哈勃定律的图。我们看到图中的观测点相当分散。但是哈勃抛开细节抓住了这些观测结果的实质，勇敢地在图中画出了一条反映正比规律的直线。当然，也有人猜测，哈勃当时可能听说了理论物理学家提出的膨胀宇宙模型。这一模型对他抓住观测结果的实质有启发作用。红移与距离的正比关系，反映了星系逃离速度与距离的正比关系，这一正比关系与宇宙膨胀理论相一致。

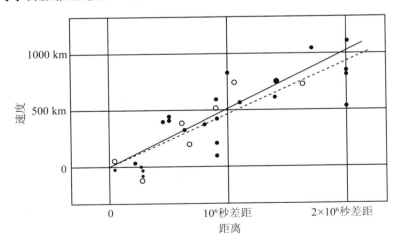

图 4-2　哈勃最早给出的红移与距离关系图

（1 秒差距＝3.1×10^{16} m＝3.26 光年）

7. 什么是火球模型?

最早提出宇宙爆炸、演化思想的人是勒梅特神父。他认为宇宙最初处于有序性极高因而熵极小的状态。那是一个"宇宙蛋"。这个"宇宙蛋"是个温度很高的"热蛋",它不断膨胀、降温,混乱度不断增大,熵也就不断增加,演化成我们今天的宇宙。他用热力学而不是核物理和量子论描述了这一演化。勒梅特神父认为自己的工作解决了"上帝创造宇宙"和"宇宙膨胀模型"之间的矛盾。他认为上帝原初创造的不是我们今天的膨胀宇宙,而是那个"宇宙蛋",然后让"蛋"膨胀并降温,演化成了今天的宇宙。

系统地提出火球模型并用广义相对论和核物理进行严格论证的是俄国物理学家伽莫夫。他与朗道是同学,他们在苏联大学毕业后被派往西欧留学,后来朗道回了国,伽莫夫则留在了西方。伽莫夫研究核物理和量子力学。他提出宇宙演化的火球模型,认为我们的宇宙最初是一个高温的原始核火球,然后猛烈膨胀开来,逐渐降温,核子与电子形成原子、分子。最初的元素以氢为主,在原始的高温中合成了一部分氦。以氢和氦为主体的气体物质在万有引力作用下,逐渐凝聚成团,形成原始的恒星。组成恒星的气态物质不断收缩,它们的万有引力势能转化为热能,使恒星温度越来越高,大一些的恒星中心温度可升高到上千万度,从而再次点燃了氢聚合成氦的热核反应,形成了发光的恒星,我们的太阳就是一颗这样的发光的恒星。

伽莫夫指导他的学生阿尔法研究这一模型,由于他们二人名字的读音很像 α 和 γ,恰好他们研究所有一位名叫贝特的核物理学家,名字读音很像 β。爱开玩笑的伽莫夫就把贝特拉进来,于 1948 年,

以 α、β、γ 的名义，联合发表了关于火球模型的论文，实际上贝特对此模型没有什么贡献。这一火球模型，被反对者讥讽为"大爆炸模型"。后来，火球模型逐渐被实验观测证实，大爆炸模型这一"命名"也被学术界沿用下来。

伽莫夫等人提出大爆炸模型的意义超出了这一模型自身，它首创了宇宙演化的观念(图 4-3)。此后，这一模型被不断改进发展，但该模型的大框架和宇宙演化、进化的思想是勒梅特和伽莫夫等人首先提出的。

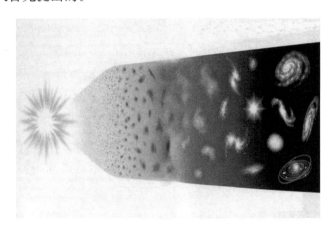

图 4-3　"大爆炸"和宇宙演化

8. 如何理解宇宙的"大爆炸"？

"大爆炸"这一名称虽然很能激起人们的兴趣，但也带来不少误解。例如，一些人以为宇宙的创生就像一包炸药爆炸，以为宇宙创生前时间和空间就已经存在，这包炸药原本存在于空间的一个小区域内，那里就是爆炸的中心。爆炸区内压强大，爆炸区外压强小，压强差促使爆炸的生成物在空间中扩散开来，成为膨胀的宇宙。这一理解是错误的(图 4-4)。

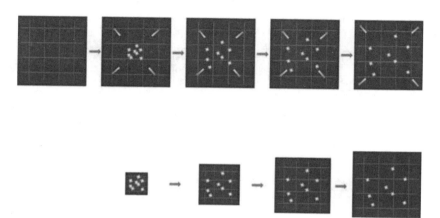

图 4-4　对"大爆炸"的错误(上图)与正确理解(下图)

　　正确的理解是：宇宙创生前没有时间也没有空间。时空是和物质一起诞生的。宇宙膨胀是整个三维空间的膨胀，爆炸和膨胀并非发生在空间的某个局部区域，而是发生在空间的每一点。爆炸和膨胀没有中心，或者说空间的每一点都是爆炸和膨胀的中心(处于空间任何一点的观测者都会看到周围的星系在远离自己)。空间各点的压强都一样，不存在压强差。宇宙膨胀不是压强差导致的物质在空间中的扩散，而是纯粹的三维空间的膨胀。

　　空间与物质同时在爆炸中创生，空间膨胀初期，各物质团(如各星系)的间距随之膨胀。但相邻星系间的引力阻止它们远离，从而形成一个个星系团(群)。星系团内部各星系，既受到空间膨胀的作用而有相互远离的倾向，又受到万有引力的吸引作用而有相互趋近的倾向，最终达到一个平衡状态。这时星系团保持一定大小，本身不再膨胀。但空间仍在膨胀，导致各星系团远离，展现出宇宙学红移（图 4-5）。

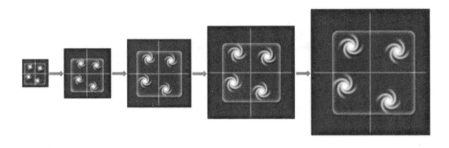

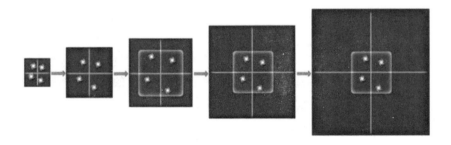

图 4-5　宇宙中的星系团自身是否膨胀（上图错误；下图正确）

　　应该再次强调，处于膨胀宇宙中任何一个地点的观测者，都会看到周围的星系团在远离自己。图 4-6 是一个示意图。气球的表面好比一个二维空间的宇宙，上面的墨水点表示许多星系。当气球膨胀时，任何一个墨水点上的生物都会看到其他的墨水点（星系）在远离自己。

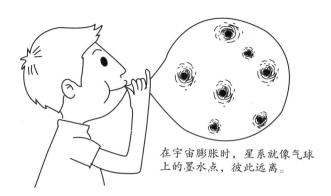

在宇宙膨胀时，星系就像气球上的墨水点，彼此远离。

图 4-6　膨胀的二维宇宙

9. 为什么说宇宙学红移不是多普勒效应？

近年来的研究表明，哈勃定律所描述的宇宙学红移本质上并非多普勒红移。多普勒效应反映的是，在一个不随时间变化的空间中，光源相对于观测者运动所造成的光波波长变化。而宇宙学红移是由于空间本身膨胀所造成的光波波长增长（图 4-7）。

在多普勒效应中，从不同角度看，光源发出的光各向异性（波长变化不一样）。例如，A 是光源，B、C 是两个观测者，光源 A 向 B 运动。

B　　　　←A　　　　C

观测者 C 看到红移，B 则看到蓝移。

与多普勒效应不同，空间膨胀效应造成的光波波长变化是各向同性的，无论观测者 B 还是 C，都看到光源 A 在远离自己，所以都看到光波波长发生红移。

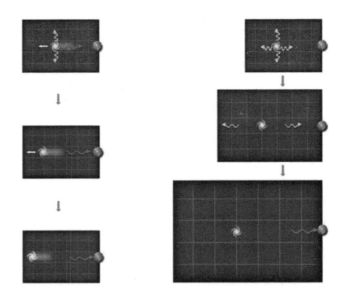

图 4-7   多普勒红移(左)与宇宙学红移(右)的区别

多普勒效应中，光在脱离光源时波长就已发生了变化，在传播途中不再进一步变化。而宇宙学红移情况，光波脱离光源时波长尚未发生变化，只是在传播过程中，空间膨胀把光波波长拉伸才逐渐产生了变化。

所以宇宙学红移本质上不是多普勒红移，而是广义相对论导致的引力红移。空间膨胀同时导致了"宇宙学红移"和"光源与观测者远离"这两个效应，从而给出了与多普勒效应相似的结果，得出了哈勃定律。

10. 为什么河外星系的退行速度可以"超光速"？

宇宙学红移表明河外星系在远离我们。这种远离是三维空间膨胀造成的，由于膨胀是空间均匀的，即空间各点的膨胀率相同，离我们越远的星系，退行速度就越大。这一点很好理解。打个比方，假如空间长度的相对膨胀率为每秒 0.1，那么距观测者 10^4 km 的天体在 1 s 内将退行 10^3 km 的距离，也就是说此天体 1 s 后将距我们 1.1×10^4 km，所以它的退行速度为 10^3 km/s。距观测者 10^6 km 的天体，1 s 内将退行 10^5 km，成为距我们 1.1×10^6 km 的天体，其退行速度为 10^5 km/s。所以越远的天体退行速度越大。

　　研究表明，河外星系的退行速度可以达到甚至超过光速。有一个距离称为哈勃距离：

$$d = c/H \tag{4.4}$$

式中 c 为真空中的光速，H 为哈勃常数。处在哈勃距离 d 的河外星系，退行速度正好是光速。比哈勃距离离我们更远的星系，退行速度超过光速（图 4-8）。

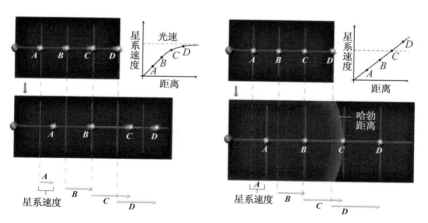

图 4-8　河外星系退行速度可以超光速（左图错误；右图正确）

　　不过，这一"超光速"现象并不违反狭义相对论。狭义相对论禁止任何物体或信号在空间中的运动速度超过光速。但我们这里提到的"超光速"并不是物体或信号在空间中的运动速度，而是空间本身膨胀造成的现象。空间膨胀造成的"超光速"，不能传递信号，不能改变因果关系，所以并不与狭义相对论相抵触。

顺便说明，虽然处于哈勃距离之外的星系远离我们的速度超过光速，但它们发出的光我们仍可以收到。这是因为哈勃距离并不是一个恒定的值，它取决于哈勃常数的大小。研究表明，哈勃常数随时间略有变化，因此，现在一般把哈勃常数称为哈勃参数。哈勃参数随时间减小，使得哈勃距离随时间增大，当哈勃距离把原来处在它之外的星系发射的光子（该光子相对于我们的退行速度也大于光速，原本达不到我们这里）包括进来之后，这个光子相对于我们的退行速度就小于光速了，因而我们也就可以看见它了（图4-9）。

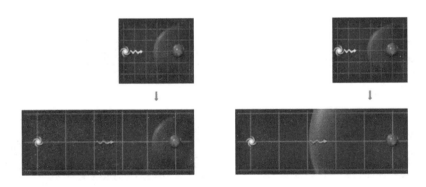

图 4-9   为何能看见退行速度超光速的星系（左图错误；右图正确）

11. 宇宙年龄有多大？ 宇宙的可观测距离又有多大？

研究表明，宇宙年龄大约为 140 亿年，较精确的说法是 137 亿年，误差±30 亿年。

　　既然宇宙年龄约 140 亿年，宇宙可观测距离似乎应该是 140 亿光年。但这个答案不对，这是因为没有考虑空间膨胀造成的影响。

　　140 亿年前最初诞生的天体发出的光，在向我们传播的过程中，空间距离在不断膨胀。如果空间没有膨胀，这些光在 140 亿年的旅行时间里，应该走 140 亿光年的距离。但是空间在膨胀，这将使产生这些光的原始天体，在光旅行的 140 亿年中，进一步远离我们。研究表明，当我们接收到这些光的时候，产生这些光的天体已经距离我们差不多 460 亿光年了。这就是说，虽然宇宙的年龄是 140 亿年，宇宙的可观测距离却差不多是 140 亿光年的 3 倍——460 亿光年（图 4-10）。

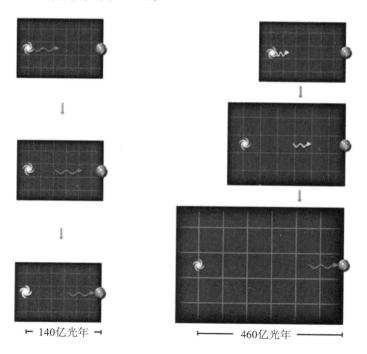

图 4-10　可观测宇宙的范围大于"宇宙年龄乘光速"（左图错误；右图正确）

12. 哪些观测结果支持了大爆炸模型？

有 3 个观测结果支持大爆炸模型：

(1)哈勃定律；

(2)宇宙中的氦丰度；

(3)微波背景辐射。

大爆炸模型提出的时候，学术界已熟知哈勃定律。这一定律所描述的宇宙学红移的规律，反映了宇宙膨胀这一事实，与大爆炸模型的理论高度一致。

大爆炸模型认为在宇宙早期的高温状态下，会有部分氢元素聚合成氦以及少量其他轻元素。伽莫夫经过具体计算，认为如果自己提出的模型正确，现在宇宙中的元素应大约有 25% 是氦。这就是他预言的氦丰度。观测结果支持了他的这一预言。

伽莫夫认为，高温核火球在膨胀过程中虽然不断降温，但在有限的时间内温度不会降到绝对零度。他认为当前的宇宙中还应存在大爆炸的余热，伽莫夫估算这一余热的温度约为 5 K 左右，可能以黑体辐射的形式存在。

1964 年，美国科学家彭齐亚斯和威尔逊为了更好地接收来自人造卫星的无线电波信号，在改进自己的仪器装置时，无意中发现信号中有无法消除的微波噪声，在反复检查之后，他们终于认识到这一噪声不是由于仪器自身造成的，而是来自宇宙空间的。这一噪声呈现黑体谱，处于微波波段，温度大约为 2.7 K。相对论专家迪克等人正在寻找大爆炸的余热，听说彭齐亚斯和威尔逊的发现之后，他们立刻指出，这一充斥宇宙的微波背景辐射正是大爆炸的余热。这一发现，有力地支持了大爆炸模型。

　　现代宇宙学认为，宇宙膨胀过程中的降温，实际上是宇宙学红移的结果。宇宙早期的高温黑体辐射，在空间膨胀中发生红移，所有波长的波均发生红移，表现为黑体辐射温度的降低，最终成为我们今天观测到的"大爆炸余热"——微波背景辐射。

13. 宇宙如何创生？ 宇宙极早期是什么情况？

　　按照现在的看法，宇宙起源于奇点或"虚无"（即无中生有）。在物质与时空同时从奇点或"虚无"中创生，并经历短暂的初期膨胀后，随着膨胀造成的温度降低，宇宙会出现一个以真空能为主的时期。这时宇宙处于一个高速膨胀的"暴胀阶段"。宇宙最初的真空会演变为过冷的、不稳定的假真空状态。假真空会突然发生相变，跃迁到能量较低的、对称性破缺的、新的真真空状态，这时大量真空能转化为物质和辐射，温度急剧升高，宇宙被重新加热。然后膨胀趋缓，恢复为我们熟悉的标准的"火球模型"描述的膨胀状态，先是以基本粒子间的相互作用为主，然后逐渐降温形成原子核，再形成原子、分子，最后物质凝聚起来形成星系，生成恒星和行星。许多科普书籍中对此都有详尽而精彩的描述，感兴趣的读者可以从中得到丰富的知识。然而，对于宇宙早期的过于详细的描述，往往并不可靠。

　　事实上，对极早期宇宙的研究，碰到了很大的困难。主要是在宇宙的极早期，时空曲率极大，应该考虑到引力场的量子化，但是，到现在为止，针对引力场量子化的所有尝试都没有成功。

　　目前我们可以使用的理论是"弯曲时空量子场论"。在这一理论中，物质场（如电磁场、电子场等）是量子化的，但引力场没有量子化，仍看作连续的弯曲时空。这时广义相对论的爱因斯坦场

方程(4.1)应修改为

$$R_{\mu\nu} - \frac{1}{2} g_{\mu\nu} R + \Lambda g_{\mu\nu} = \kappa \langle T_{\mu\nu} \rangle \tag{4.5}$$

方程左边与经典方程(4.1)完全一样，只是右边的物质源 $T_{\mu\nu}$ 被 $\langle T_{\mu\nu} \rangle$ 所代替。后者表示量子化后的物质场的能动张量算符的真空平均值，这是一种量子平均。

弯曲时空量子场论是一个比较可靠的理论，是广义相对论与量子场论的结合。当然，这一结合是不自然的，方程左边表达的引力场没有量子化，右边表达的物质场却量子化了。这一理论有点像玻尔的量子理论，或者像二次量子化之前的量子力学；物质量子化了，但电磁场却没有。电磁场仍看作连续的场，不看成光子。这样的理论当然不能令人满意，但在引力场量子化的工作完成之前，使用这一较为可靠的半经典半量子理论，还是能够解决不少问题的。

研究表明，弯曲时空量子场论的使用范围大于普朗克尺度的时空。所谓普朗克尺度包括普朗克长度 l_P 和普朗克时间 t_P。其中

$$l_P = \left(\frac{G\hbar}{c^3} \right)^{\frac{1}{2}} \approx 10^{-33}\,\text{cm} \tag{4.6}$$

$$t_P = \left(\frac{G\hbar}{c^5} \right)^{\frac{1}{2}} \approx 10^{-43}\,\text{s} \tag{4.7}$$

此外，还有普朗克质量 m_P 和普朗克温度 T_P：

$$m_P = \left(\frac{c\hbar}{G} \right)^{\frac{1}{2}} \approx 10^{-5}\,\text{g} \tag{4.8}$$

$$T_P = \left(\frac{c^5 \hbar}{G K_B^2} \right)^{\frac{1}{2}} \approx 10^{32}\,\text{K} \tag{4.9}$$

弯曲时空量子场论适用于 $t > t_P$，$l > l_P$ 的时空区。也就是说，可以

用来研究宇宙诞生 10^{-43} s 之后的情况。但是从 $t=0$ 到 $t=10^{-43}$ s 之间的演化情况，不能用弯曲时空量子场论来描述。

在 $t=0$ 至 $t=10^{-43}$ s，宇宙处在所谓的创生期。在这一时期，时间与空间不可区分，空间的上下、左右、前后和时间的先后都没有意义。目前，还没有合适的理论能够描述这一时期。

应该强调，人类文明史不过 5000 年，自然科学诞生才不过 500 年，我们现有的知识还是非常肤浅的，我们对物质结构和相互作用的认识还是极为初步的。试图用我们现在的这一点有限的知识，对宇宙起源(特别是对高温的宇宙早期)做详尽的描述，是靠不住的。应该说，哈勃定律、微波背景辐射和氦丰度，确实支持了宇宙膨胀学说，而且支持了宇宙初期处于高温状态的设想。也可以说，用核物理来描述的那段宇宙早期情况有一定可信度。然而，更早期的宇宙演化(特别是其中的细节)，恐怕还有待于科学的进一步发展才能正确描述。

14. 宇宙到底有限还是无限?

现在，我们回到前面的话题，宇宙到底有限还是无限? 有边还是无边? 对此，我们从广义相对论、大爆炸模型和天文观测的角度来探讨这一问题。

满足宇宙学原理(三维空间均匀各向同性)的宇宙，肯定是无边的。但是否有限，却要分三种情况来讨论。

如果三维空间的曲率是正的，那么宇宙将是有限无边的。不过，它不同于爱因斯坦的有限无边的静态宇宙，这个宇宙是动态的，将随时间变化，不断地脉动，不可能静止。这个宇宙从空间体积无限小的奇点开始爆炸、膨胀。此奇点的物质密度无限大、温度无限高、空间曲率无限大、四维时空曲率也无限大。在膨胀过程中宇宙的温度逐渐降低，物质密度、空间曲率和时空曲率都逐渐减小。体积膨胀到一个最大值后，将转为收缩。在收缩过程中，温度重新升高，物质密度、空间曲率和时空曲率逐渐增大，最后到达一个新的奇点，然后再重新开始膨胀。也有许多人认为，脉动宇宙在收缩到奇点之前会发生反弹，重新转变为膨胀，不会收缩到奇点。不管是哪种情况，这个宇宙的体积始终是有限的，这是一个脉动的、有限无边的宇宙。

如果三维空间的曲率为零，也就是说，三维空间是平直的（宇宙中有物质存在，四维时空是弯曲的），那么这个宇宙一开始就具有无限大的三维体积，这个初始的无限大三维体积是奇异的，即无穷大的奇点。大爆炸就从这个无穷大奇点开始，爆炸不是发生在初始三维空间中的某一点，而是发生在初始三维空间的每一点，即大爆炸发生在整个无穷大奇点上。这个无穷大奇点，温度无限高、密度无限大、时空曲率也无限大（三维空间曲率为零）。爆炸发生后，整个奇点开始膨胀，成为正常的非奇异时空，温度、密度和时空曲率都逐渐降低。这个过程将永远地进行下去。这是一种不大容易理解的图像：一个无穷大的体积在不断地膨胀。显然，这种宇宙是无限的，它是一个无限无边的宇宙。

三维空间曲率为负的情况与三维空间曲率为零的情况比较相似。宇宙一开始就有无穷大的三维体积，这个初始体积也是奇异的，即三维无穷大奇点。它的温度、密度无限高，三维、四维曲率都无限大。大爆炸发生在整个奇点上，爆炸后，无限大的三维体积将永远膨胀下去，温度、密度和曲率都将逐渐降下来。这也是一个无限的宇宙，确切地说是无限无边的宇宙。

那么，我们的宇宙到底属于上述三种情况的哪一种呢？我们宇宙的空间曲率到底为正、为负还是为零呢？这个问题要由观测来决定。

广义相对论的研究表明，宇宙中的物质存在一个临界密度 ρ_c，大约是每立方米 3 个核子(质子或中子)。如果我们宇宙中物质的密度 ρ 大于 ρ_c，则三维空间曲率为正，宇宙是有限无边的；如果 ρ 等于 ρ_c，则三维空间曲率为零，宇宙是无限无边的；如果 ρ 小于 ρ_c，则三维空间曲率为负，宇宙也是无限无边的。因此，观测宇宙中物质的平均密度，可以判定我们的宇宙究竟属于哪一种，究竟有限还是无限。

此外，还有另一个判据，那就是减速因子。河外星系的红移，反映的膨胀是减速膨胀，也就是说，河外星系远离我们的速度在不断减小。从减速的快慢，也可以判定宇宙的类型。如果减速因子 q 大于 $1/2$，三维空间曲率将是正的，宇宙膨胀到一定程度将收缩；如果 q 等于 $1/2$，三维空间曲率是零，宇宙将永远膨胀下去；如果 q 小于 $1/2$，三维空间曲率将是负的，宇宙也将永远膨胀下去。

表 4-1 列出了宇宙的三种可能情况。

表 4-1　宇宙的三种可能情况

宇宙中物质密度	红移的减速因子	三维空间曲率	宇宙类型	膨胀特点
$\rho > \rho_c$	$q > 1/2$	正	有限无边	脉动
$\rho = \rho_c$	$q = 1/2$	零	无限无边	永远膨胀
$\rho < \rho_c$	$q < 1/2$	负	无限无边	永远膨胀

我们有了两个判据，可以确定我们的宇宙究竟属于哪一种了。遗憾的是，最初的研究给出相反的结果。观测表明，$\rho < \rho_c$，似乎我们宇宙的空间曲率为负，是无限无边的宇宙，将永远膨胀下去！

不幸的是，减速因子观测给出了 $q>1/2$ 的结果，这又表明我们宇宙的空间曲率为正，宇宙是有限无边的，脉动的，膨胀到一定程度会收缩回来。哪一种结论正确呢？有些人倾向于认为减速因子的观测更可靠，推测宇宙中可能有某些产生万有引力的暗物质被忽略了，如果找到这些暗物质，就会发现 ρ 实际上是大于 ρ_c 的。另一些人则持相反的看法。还有一些人认为，两种观测方式虽然结论相反，但得到的空间曲率都与零相差不大，可能宇宙的纯空间曲率就是零。

近年来的观测结果使问题更加复杂化，观测发现减速因子随时间变化，大约 60 亿年前，宇宙从减速膨胀变成了加速膨胀。为了解释这一现象，人们引入了"暗能量"假设，认为宇宙中不仅存在大量暗物质，还存在大量产生排斥效应的暗能量，宇宙演化过程是普通物质、暗物质和暗能量共同作用的结果。有关探讨仍在进行中。看来要得到正确的认识，还需要进一步的实验观测和理论推敲。今天，我们仍然肯定不了宇宙究竟有限还是无限。只能肯定宇宙无边，而且现在正在膨胀！此外，还知道膨胀大约开始于 140 亿年以前，这就是说，我们的宇宙大约起源于 140 亿之前。

15. 什么是暗物质？

暗物质的猜测最初来自对银河系中恒星运动的研究。从牛顿的力学定律可以知道，质量为 m、距银河系中心为 R 的恒星，在万有引力作用下的转动速度 v 可从下式推出 $\dfrac{Gm_0m}{R^2}=\dfrac{mv^2}{R}$，式中 m_0 为银河系中心的质量，G 为万有引力常数。从上式不难推出

$$v=\sqrt{\frac{Gm_0}{R}} \qquad\qquad (4.10)$$

即离银心越远的恒星转速应该越小。但从 20 世纪 20 年代开始就发现，似乎银河系中恒星的转动速度并不随 R 的增大而减小，好像变化不大(图 4-11)。于是人们推测银河系中可能存在像"晕"一样呈扁球状均匀分布的暗物质。这些暗物质与通常的物质一样产生万有引力，只是不能通过光学或电磁的手段观测到它们。

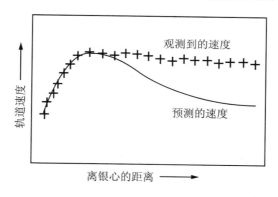

图 4-11　银河系自转速度曲线

　　银河系中的暗物质呈晕状分布，对上式中的 m_0 有贡献。现在 m_0 表示银河系中半径为 R 的球体内部所有物质(包括暗物质和通常的可见星体、尘埃、气体等)的总质量，离银心远的恒星 R 与 m_0 都增大，所以运动速度 v 变化不大。这就解释了为何银河系中恒星的转动速度 v 不随 R 的增大而迅速减小。

　　以后发现上述情况不仅存在于我们的银河系，宇宙中所有的星系、星系团均有类似情况，似乎宇宙中普遍存在着暗物质。

　　其他一些天文观测也支持暗物质的存在。例如，从遥远星系传过来的光线，如果在途中遇到大质量的天体(如黑洞、星系团等），这些天体产生的万有引力会使光线弯曲，使发出光线的星系的图像变为多个，或呈现环状（爱因斯坦环，图4-12），这一现象称为引力透镜（图4-13和图4-14）。但观测到的、造成光线弯曲而形成"透镜"的天体的质量往往过小，似乎不足以形成"透镜"。于是人们推测在"透镜"形成之处可能有大量暗物质存在。这些暗物质的万有引力也对引力透镜的形成有贡献。以后人们又在宇宙学的研究中，为了解释宇宙演化的某些阶段为何膨胀减速较快时，再次求助于暗物质模型。

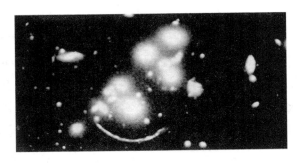

图 4-12　观测到的爱因斯坦环

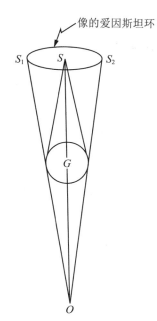

像的爱因斯坦环

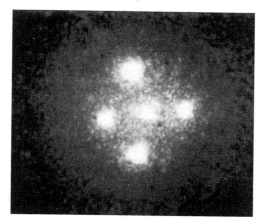

图 4-13　引力透镜示意图　　　图 4-14　观测到的引力透镜现象

　　目前大多数人认为，宇宙中有大量暗物质存在，暗物质远多于可视物质。除去黑洞、尘埃、不发光的气体、中微子等可以预见到的不易观测的普通物质之外，还有不为我们了解的"冷暗物质"。冷暗物质占暗物质的绝大部分，它们的物质结构尚不明了。可以肯定的是，它们成团分布，与普通物质一样产生万有引力，造成时空弯曲；但它们不参与电磁作用，对光是透明的，有点像以太。

16. 什么是暗能量？

　　近年来的天文观测使我们对宇宙膨胀的认识产生了新的重大

变化。观测表明，大约 60 亿年前我们的宇宙从减速膨胀变成了加速膨胀。宇宙膨胀怎么可能从减速变为加速呢？加速的动力来自何方呢？这些惊人的问题引起了全世界科学工作者的极大兴趣。大多数人认为，这表明宇宙中可能存在大量未知的暗能量。

和暗物质类似，未知的暗能量也不参加电磁作用，对光也是透明的。但它与暗物质不同，它的压强是负的，因而不显示"万有引力"，而显示"万有斥力"。换句话说它造成时空弯曲的效应是一种排斥效应，会促使宇宙的膨胀加速。

目前认为，与暗物质的成团分布不同，宇宙中的暗能量是均匀分布的，而且密度不随宇宙膨胀而变化，基本保持恒定。由于普通物质和暗物质的密度均随宇宙膨胀而减小，所以当宇宙膨胀到一定程度的时候，暗能量产生的排斥效应就会压倒普通物质和暗物质产生的引力效应，宇宙就会从减速膨胀转变为加速膨胀。

总之，宇宙膨胀经历的暴涨、减速、加速等过程，正是暗物质、暗能量与普通物质共同参与的结果。下面我们给出科学家现阶段对宇宙中各种物质成分的研究结果：

我们看到，发光恒星的质量只占宇宙总质量的 0.5% 左右，那些由普通重子形成的气体、尘埃甚至黑洞，总质量也不过占全宇

宙的约 4%。如果中微子有质量，会成为所谓热暗物质，也只占宇宙总质量的约 0.3%。而研究表明，宇宙中还应该存在占宇宙总质量 29% 左右的、透明的、产生引力效应的未知冷暗物质（通常所说的暗物质都是指冷暗物质）。

产生排斥效应的暗能量，大家估计约占宇宙总质量的 65%。不过有些人认为，暗能量其实不是什么物质的新形态，而是宇宙学常数产生的观测效应。如果真是如此，那么宇宙项的引入将不但不是爱因斯坦自认为的最大错误，而恰恰是他的又一伟大功绩。

此外还有一些人认为，不存在动力学暗能量，爱因斯坦引入的宇宙学常数也起不了如此大的作用。他们认为宇宙加速膨胀造成的理论困难，表明爱因斯坦的广义相对论在宇观尺度下失效，广义相对论仅在太阳系或银河系这样的宏观尺度下（10^7 光年以下）比较精确，在 10^8 光年以上的宇观尺度下需要修改。

上述探索已经经历了一段时间，有关的论文发表了 1 万篇以上，但困难基本上没有解决。暗物质和暗能量问题，成为当前物理学和天文学遇到的最大困难之一，有人认为这一困难很可能会导致物理学产生新变革。

17. 有没有时空隧道？ 能不能制造时间机器？

相对论和量子论告诉我们，原始的宇宙诞生于虚无缥缈之中。在最初的 10^{-43} s 之内，宇宙处于一片混乱的"混沌"状态，分不清上下、左右、先后，或者说分不清时间和空间。宇宙就像一锅沸腾的稀粥，充满了时空泡沫（图 4-15）。

在膨胀过程中，时空泡沫逐渐演化成大量的"宇宙泡"，宇宙泡之间往往有隧道相连，而且隧道可能不止一条。也有的隧道并

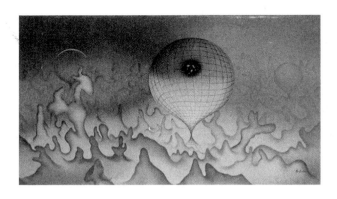

图 4-15　宇宙早期的时空泡沫

不通向另外的宇宙泡，而只连通本泡的两个部分，有点像泡的"手柄"。连接不同或相同宇宙泡的这些时空隧道，被科学家称为"虫洞"（图 4-16）。

　　这些宇宙泡迅速膨胀，泡内大量的真空能转化为物质能。每个宇宙泡形成一个宇宙，其中之一形成了我们的宇宙。

图 4-16　宇宙泡和虫洞

　　我们现今观察到的膨胀宇宙，只是大量宇宙泡形成的大量宇宙中的一个。我们有可能了解其他的宇宙吗？有可能到别的宇宙去旅行吗？科学告诉我们，存在这样的可能。这是因为连接各宇宙的时空隧道（虫洞），不会由于宇宙膨胀而全部断掉和消失，有可能保留到今天。因此我们有可能通过虫洞前往其他的宇宙，也有可能通过虫洞接收来自其他宇宙的消息、接待来自其他宇宙的客人。

　　研究表明，有可能存在两类可通过的虫洞。一类是可长期通过的洛伦兹虫洞，另一类是可瞬时通过的欧几里得虫洞。洛伦兹虫洞可以想象为日常生活中所说的隧道。飞船可以通过它飞往其他宇宙，也可以再飞回来。洛伦兹虫洞的两个开口也可能处在同一个宇宙中（图 4-17）。这样的宇宙，从 A 点运动到 B 点的飞船有两条路可走。一条是穿过虫洞到达 B 点，另一条是不穿过虫洞到达 B 点。如果有一对双生子，各驾驶一艘飞船，其中一个穿过虫洞到达 B 点，另一个不穿过虫洞到达 B 点，他们二人经历的时间一般说来不会相同。他们再次相会时，年龄也会有差别。现今的一些研究表明，可通过的洛伦兹虫洞经过适当制备后，可以变成"时间机器"或"时光隧道"，宇航员通过它后，有可能回到自己的过去，见到最初出发的自己。这简直不可思议！

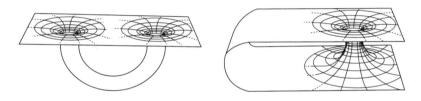

图 4-17　开口在同一个宇宙中的虫洞

现在谈谈欧几里得虫洞。这是一种可瞬间通过的虫洞。经过这种虫洞前往其他宇宙的人不需要时间，他会在眨眼间从我们面前消失。他感觉自己眨眼间已处在另一个宇宙之中。其他宇宙的来客也是如此，会突然出现在我们眼前。真是"来无影，去无踪"。如果一个欧几里得虫洞并不通往其他宇宙，而是与本宇宙相通，如连通北京和纽约，那么一个经历此虫洞的人会在瞬间从北京的天安门广场消失，突然出现在纽约的摩天大楼之上，想想看，这将是多么有趣的事情。

更为有趣的是，这类虫洞还可能通向我们的过去或未来。一个通过此类虫洞的人在我们眼前消失之后，有可能突然出现在周武王伐纣的大军之中，或者突然出现在埃及建造金字塔的工地之上。历史学家们一定盼望能有这样的机会，穿越虫洞去进行访古旅行，这样许多考古工作会变得无比简单。

不过，这方面的研究工作才刚刚起步，至少我们现在还没有发现一个虫洞的入口或出口。我们更没有找到制造时间机器的可行方法。或许有一天，科学会告诉我们，根本不存在这样的机器或隧道，不存在通往过去和未来的虫洞。

18. 制造"可通过虫洞"和"时间机器"有什么困难？

近年来的研究表明，可通过的虫洞需要由"异常物质"来撑开，"异常物质"的平均能量密度为负，而且会产生巨大的张力（负压强）。

这种负能量的异常物质在自然界十分罕见。在黑洞表面附近可能有负能物质，在视界附近构成入射负能流，但到目前为止人们尚未发现黑洞。究竟是否存在黑洞还不能最后肯定。唯一能够测到的负能物质出现在卡西米尔效应中。1948年，卡西米尔提出在真空中放置两片金属板，由于金属板的存在破坏了真空的拓扑结构，板间会出现吸引力，两板之间的区域将具有负能量（图4-18）。该效应起因于量子场的真空涨落。板间出现的真空涨落电磁场，由于金属板的导电性，只能以驻波形式出现，也就是说板间的虚光子只能以某些限定的波长出现；而板外

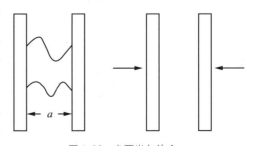

图4-18　卡西米尔效应

的辽阔空间，与金属板不存在时一样，真空涨落的模式不受限制，任何波长的虚光子均可存在，这就使得板外虚光子的密度大于板间虚光子的密度。因此，板间涨落场的能量密度会低于板外的密度，因而两板受到真空涨落场向内的压力，表现为两板之间的吸引力。我们通常把真空能量定义为能量的零点，两金属板外的真空能量恰为零，而板间的真空能量低于零点，表现为负能量。卡西米尔效应早已在实验室观测到，当两板相距 1 m 时，板间的负能密度仅为 10^{-44} kg/m^3，即在 10 亿亿立方米的空间中有相当于一个基本粒子质量的负能量。

研究表明，撑开一个半径 1 cm 的虫洞，需要相当于地球质量的异常物质；撑开一个半径 1 km 的虫洞，需要相当于太阳质量的异常物质；撑开一个半径 1 光年的虫洞，则需要大于银河系发光物质总质量 100 倍的异常物质。

由此看来，寻求异常物质，制造可作为星际航行通道的虫洞，希望实在渺茫。

另外，通过虫洞的宇航员和飞船，会受到异常物质产生的巨大张力，这种张力有可能大到足以把原子扯碎的程度。研究表明，张力与虫洞半径的平方成反比。

当虫洞半径小于 1 光年时，异常物质产生的张力比原子不被破坏的最大张力还大，这样的虫洞肯定不能作为星际航行的通道。所以，作为星际航行通道的虫洞，其半径至少要大于 1 光年，前面已经谈过，这将需要相当于银河系发光物质总质量 100 倍的异常物质。

看来，是否存在可通过的洛伦兹虫洞，能否制造时间机器，在很大程度上取决于物理学是否容许异常物质的存在，而且是大量的异常物质的存在。这是一个尚未解决的问题。

总之，对于是否存在时空隧道，能否制造时间机器，可否进行穿越时间的旅行，目前物理学界尚无定论。不过，通过时空隧道或时间机器回到过去，从而破坏因果关系的想法，恐怕是很难被学术界接受的。

我们现在只能说，有关虫洞和时间机器的争论仍在进行中。

最后，让我们来浪漫地想象一下，如果真的有虫洞存在，会出现什么景象。

如果有宏观的欧几里得虫洞从我们身边飘过，那么碰到它的人会瞬间消失，然后在时空的其他地方（虫洞的另一开口处）突然出现，那个开口可能在我们地球的某个地方，也可能在太阳系之外，还可能在其他宇宙中；可能在过去，也可能在未来……旅行者不需要任何时间就可以完成各种旅行，这是因为通过欧氏虫洞是一个虚时过程，穿越它根本不需要花费实时间。对于实时间来说，这只是一个瞬时过程。

如果有洛伦兹虫洞在我们附近出现，我们将看到天空出现一个球形的洞，那是洛伦兹虫洞的洞口。洞内有时空隧道穿越超空间通向位于其他地方的另一洞口。对于永久连通的洛伦兹虫洞，这个球形的洞口将永远存在。当然它可能在时空中游荡。对于暂时连通的洛伦兹虫洞，洞口出现一段时间后会消失。不管是哪种情况，只要洞口张开，飞船就可能钻进去，通过时空隧道进行各种旅行。当然，飞船和旅行者必须设法克服异常物质造成的巨大张力，以免自己被扯碎。

洛伦兹虫洞的洞口，犹如天空中的洞，看到的人可能会想起李白的诗：

洞天石扉，

訇然中开，

青冥浩荡不见底……

对于虫洞的出现，人们会无比惊讶，正是：

只闻白日升天去，

不见青天降下来。

有朝一日天破了，

大家齐喊"阿癐癐(guì)"！

明·唐寅

题《白日升天图》

五、爱因斯坦

1. 爱因斯坦究竟是哪国人？

爱因斯坦出生于德国的乌尔姆，在慕尼黑接受了小学和中学教育。他的父母都是德国籍犹太人，因此，青少年时代的爱因斯坦是德国人。

爱因斯坦对当时德国的军国主义气氛十分反感，在瑞士学习期间，他不顾父亲的反对（父亲告诫他：你不应放弃德国这个伟大国家的国籍），于1896年放弃了德国国籍。此后5年，他是无国籍者。这段时间（1896—1900年），他在瑞士度过了自己的大学生涯。1901年，爱因斯坦领取了瑞士护照，成为瑞士公民。此后他一直没有放弃瑞士国籍。

1913年年底，他接受了柏林大学教授、德国物理研究所所长、普鲁士科学院院士的职务。1922年他获得1921年度的诺贝尔奖。当瑞典皇家科学院宣布把诺贝尔物理学奖授予德国科学家爱因斯坦的时候，他曾在私下表示不满：我什么时候成为德国人了？我兜里装的是瑞士护照。不过他于1924年表示，自己不反对德国文化部的意见：他到普鲁士科学院任职就意味着他已经获得了德国国籍。同时，他仍保留瑞士国籍。

1932年，在法西斯势力的迫害下，爱因斯坦离开德国，先在欧洲游荡，1933年到美国居住。1940年，爱因斯坦在美国宣誓成为美国公民，但仍继续保留瑞士国籍。这种情况继续到他1955年逝世。

上述情况表明，爱因斯坦创立狭义相对论(1905 年前后)那段时间，以及他创立广义相对论(1906—1916 年)的大部分时间，身份是一名瑞士公民。从 1913 年到 1940 年，他具有德国和瑞士双重国籍。1940 年之后直到 1955 年去世，他拥有美国和瑞士双重国籍。

2. 小学、 中学时代的爱因斯坦是优秀学生吗?

爱因斯坦是在德国的慕尼黑上的小学和中学，后来在瑞士度过了自己的大学生涯。从小学到大学，从来没有一位老师认为爱因斯坦是一名好学生。小爱因斯坦沉默寡言，学习成绩一般，但喜欢琢磨问题，也喜欢看课外读物。有时候问老师一些与课堂教学关系不大的问题，老师答不上来，觉得很没有面子。有一位老师还觉得，坐在后排的小爱因斯坦注视自己的眼神似乎总带着嘲弄的神情。再加上爱因斯坦是犹太人，而且是无神论者，不信仰上帝，因此老师和同学都不大喜欢他。

后来爱因斯坦的父母由于工厂经营得不好，举家迁往意大利投靠亲友。考虑到德国教育水平比意大利高，父母就把小爱因斯坦独自一人留在了慕尼黑，并设法把他安排进一所重点中学学习。当时的德国，普鲁士军国主义教育盛行，学校对学生管束严格，要求学生对老师绝对尊敬、绝对服从，师生间缺乏平等交流，老师总是以居高临下的态度对待学生，摆出一副自己无所不知的样子。他们对学习成绩一般，又对老师没有表现出充分尊敬，而且总爱提不易回答的问题的爱因斯坦很不喜欢。爱因斯坦也对这样的学习生活十分厌倦，于是他找经常给自己家人看病的医生，开了一份神经衰弱的证明，打算休学半年去意大利探亲，缓解一下精神压力。然而，还没等他向学校提出申请，学校已经对他忍无可忍了。校长找他谈话建议他退学。一听退学，爱因斯坦吓了一跳，这可怎么跟父母交代呀？然而一想，这样就再也不用回这所学校了，于是16岁的爱因斯坦愉快地接受了校方的建议，退学去了意大利与父母团聚。

爱因斯坦对这所学校毫无怀念之情，只有一位老师对他不错，他眷念着这位老师。爱因斯坦发表相对论后不久，有一次路过慕尼黑，他没有去母校看看，而是专门拜访了这位在自己备受歧视时关怀过自己的老师。然而，这位老师关怀他并不是因为觉得他是个人才，而是觉得他可怜。当衣着不整的爱因斯坦光临的时候，老师看着他那副寒酸的打扮，觉得这个青年人怎么这么没有出息，还是这副样子。老师以为他是来向自己借钱的，对他比较冷淡。爱因斯坦坐了一会儿，觉得很尴尬，赶快告辞。这位老师当时还不知道，自己当年怜悯的学生现在已经在科学上做出了巨大的贡献，即将成为世界知名的伟人。

3. 爱因斯坦为何赞扬阿劳中学的教育方式？

1895年，爱因斯坦到瑞士投考苏黎世工业大学，由于中学课程没有修完，知识面不全，没有考上。于是他进入阿劳中学上了一年的补习班。阿劳中学的教学方式与德国的中学有很大不同。学校在生活上和学习上都给了学生充分的自由，学生有较多的自主支配时间，学校还经常组织郊游等有趣的活动。这里师生关系比较平等，学生可以和老师进行自由的讨论。

爱因斯坦后来回忆道："这所学校用它的自由精神和那些毫不依赖外部权威的教师的淳朴热情，培养了我的独立精神和创造精神，正是阿劳中学成了孕育相对论的土壤。"他之所以这样说，是因为这所学校给了他充分的可以自由支配的空闲时间，给了他自由思考和自由讨论的权利，而且他也很好地利用了这些"时间"和"权利"，思考了不少问题，培养了自己的独立精神和创造精神。

此外，还有一个具体的收获。在他当时思考的各种问题中，有一个"追光"的思想实验。在这个思想实验中，他想象了一个追上了奔跑的光并和光一起奔跑的人，这个人会看到什么呢？他想，应该看到一个不随时间变化的波场。但是，为什么谁也没有见过这种情况呢？这个有趣的、怎么也想不明白的思想实验伴随爱因斯坦度过了他的大学生涯，并成了引导他创建相对论的第一条线索。正是这一思想实验，使爱因斯坦意识到人不可能追上光，光相对于人总有速度。光的运动似乎不满足速度叠加的平行四边形法则。这条线索把爱因斯坦引向了"光速不变原理"这块相对论的重要基石。

爱因斯坦一生中对学校教育都没有好印象，唯独阿劳中学这一年的补习班是个例外。爱因斯坦认为学校教育过于呆板，过于束缚学生的思维，不利于培养创新型人才。

4. 爱因斯坦的大学生活有什么特点？

在阿劳中学补习一年后，爱因斯坦于 1896 年考入了苏黎世工业大学的师范系。这个系是专门培养大学和中学的数学、物理教师的。

他们的数学教授是闵可夫斯基，这位教授小时候是一名神童，他少年时代与数学大师希尔伯特是同学。闵可夫斯基兄弟几人的聪明程度使小希尔伯特几乎丧失了学习信心，觉得自己实在太笨了，比不了他们几兄弟。可是后来，希尔伯特成了世界上最卓越的数学大师，成果累累，闵科夫斯基却业绩平平，最后还是靠自己的学生爱因斯坦才出了名。他把爱因斯坦的相对论放在了一个后来称为闵可夫斯基时空的四维时空框架中，对进一步发展相对论做出了贡献。不过，上大学时爱因斯坦不喜欢听闵可夫斯基的课，经常逃课，以至于闵可夫斯基称他是一条"懒狗"。爱因斯坦成名后，大概是出于对这位老师的礼貌，曾表示后悔当时没有听他的课。

他们的物理教授韦伯是一位电工专家（不是磁学单位里的那位韦伯）。由于爱因斯坦喜欢物理，韦伯最初对他印象不错，爱因斯坦第一次投考苏黎世工业大学落榜时，韦伯还鼓励他下次再来。等到考上苏黎世工业大学开始听课后，爱因斯坦对韦伯讲的物理课十分失望，韦伯讲课的内容太偏重应用，偏重电工，而爱因斯坦最感兴趣的理论问题，韦伯却毫无兴趣。于是爱因斯坦开始逃韦伯的物理课。

爱因斯坦在学校附近租了一间小阁楼，买了几本著名物理学家（如赫兹、亥姆霍茨等）写的书，躲在小阁楼里自学。他也不是完全不去学校，一般在下午放学后去，一是到实验室做实验，验证一下自己白天从书上看到的理论。当时瑞士大学的实验室是自由开放的，学生可以随时去做实验。二是与要好的同学一起到咖啡馆自由讨论，探讨书上和课堂上提到的物理内容。另外，班上唯一一位女生米列娃与爱因斯坦很要好，自愿帮他记笔记。到期末考试时，单靠米列娃的笔记还不够用。不过爱因斯坦还有一位要好的同学格罗斯曼。格罗斯曼是标准的好学生，成绩好，字也写得好，笔记记得工整漂亮，每天西装革履，皮鞋擦得很亮，对老师也很有礼貌。拿到格罗斯曼的笔记本后，爱因斯坦突击两周就去参加考试。考完后爱因斯坦向别人表达感想："这门课简直太没有意思了。"不过他每次都能过关，就这样完成了大学学业。

毕业时，格罗斯曼和另一位同学被闵可夫斯基留下来做数学助教。爱因斯坦推测韦伯会把自己留下来做物理助教。但是韦伯不要他，而是从别的系留了两名工科生做物理助教。韦伯不仅烦爱因斯坦不来听课，而且认为他没有礼貌，竟然敢打断自己的讲话，而且不称自己韦伯教授，只称韦伯先生。

爱因斯坦只好拿着毕业文凭，遗憾地离开了苏黎世工业大学。米列娃则连文凭都没有拿到。

5. 爱因斯坦怎样开始自己的科学生涯？

1900 年，爱因斯坦大学毕业后，有一年多的时间找不到稳定的工作，此期间他当过几个月的中学代课教师，还在电线杆上贴过广告，说自己可以教数学、物理、小提琴，按小时收费。这段时间爱因斯坦诸事不顺，他与米列娃的婚事遭到父母的坚决反对。米列娃则不断抱怨他找不到一个像样的工作，没有工作就没有钱，没有钱怎么结婚？

就是在这样的困境中，爱因斯坦开始了他的科学生涯。他最先研究的题目是毛细现象，并于 1901 年发表了第一篇科学论文。

1902 年，幸运之神开始光顾爱因斯坦。他的同学格罗斯曼帮助他在伯尔尼发明专利局找到一个职位。格罗斯曼的父亲和专利局的局长是很好的朋友。格罗斯曼对父亲讲：你那位局长朋友不是总说希望找一些聪明人到专利局工作吗？你看我的同学爱因斯坦不就很聪明吗？历史资料表明，在爱因斯坦众多的老师和同学当中，格罗斯曼是第一个看出他聪明的人。格罗斯曼的父亲果真向专利局局长推荐了爱因斯坦。局长约爱因斯坦谈话后录用了他。虽然只是最低等的三级职员，但作为公务员有了一份稳定的工资，生活有了保障。这年年底，爱因斯坦的父亲病逝，这位疼爱儿子的老人在临终前同意了爱因斯坦和米列娃的婚事。他们于第二年结了婚，不久就有了两个儿子，生活负担很重。爱因斯坦在做好家务的同时，抓紧时间搞科研。米列娃则不仅完成一个家庭主妇的责任，还协助爱因斯坦撰写论文。

6. 爱因斯坦的家庭、婚姻状况如何？

爱因斯坦的父母都是犹太人，钢琴弹得很好，这使得爱因斯坦从小养成了喜爱音乐的习惯。他小提琴拉得很好，并自认为自己拉小提琴的水平超过了研究物理的水平，但别人一般不这么认为。

爱因斯坦的第一位妻子米列娃是他的大学同学，她是塞尔维亚人，一条腿有残疾。他们的婚姻遭到爱因斯坦父母的强烈反对，但由于爱因斯坦的坚持，他父亲临终前同意了这门婚事。犹太人的传统与过去的中国相似，父亲是一家之长，说了算。爱因斯坦的母亲虽然反对也没有办法。爱因斯坦与米列娃于 1903 年结婚，婚后生了两个儿子。婚前他们曾有一个女儿，这件事在当时是很不体面的事情，他们一直保密。这个女儿在很小时就病逝于米列娃父母的家中。

爱因斯坦婚后的生活大体上是幸福的，只是经济比较拮据。米列娃操持家务，还一度在家中承包一些学生的午餐，挣钱以补贴家用。她不但协助爱因斯坦撰写论文、帮助他做数学计算，还不时与他讨论论文的内容。早在结婚前，爱因斯坦与米列娃的通信中就经常出现物理内容。在给米列娃的信中爱因斯坦总是称相对论为"我们的理论""我们的工作"。1901 年的一封信中，爱因斯坦写道："如果要把相对运动课题做成功，只有你能帮助我，我是多么的幸福和自豪。"在另一封信中，爱因斯坦又说："当我们二人在一起时，我是多么开心和骄傲，我们会将共同的工作从一个相对的运动变成最终的结论。"米列娃是爱因斯坦的同学，懂得物理，我们可以想象，爱因斯坦肯定会向她陈述自己的思想，二人做一些讨论，甚至米列娃对论文内容有过某些建议都是可能的，但是，那种认为米列娃有重大贡献的猜测也缺乏根据。

有人注意到，爱因斯坦 1905 年发表的 5 篇论文中 3 篇的手稿上，有米列娃的署名，但发表时却没有。科学史家们曾对此感到困惑。但爱因斯坦夫妇从来没有谈论过此事。进一步的研究表明，这个问题可能起源于一种误解。爱因斯坦在这几篇论文的手稿上自己的署名之后确实挂上了他夫人米列娃的姓玛里奇，不过这是当时瑞士人的一种习惯，男人在签名时通常会挂上夫人的姓。这并不表明米列娃也是署名人之一。

爱因斯坦的母亲对儿子的婚事始终耿耿于怀。她在给自己女友的信中写道："这位玛里奇小姐给我造成了终生最大的痛苦……"米列娃当然会感到婆婆的不满，她也在给自己女友的信中表示："我对她（指爱因斯坦的母亲）很不错，可是她就是和我过不去……"爱因斯坦的其他亲戚以及爱因斯坦的一些朋友，也发表了不少对他们婚姻不利的言论。他们主要认为米列娃出身于被压迫民族，又身有残疾，配不上爱因斯坦。

在各种压力下，他们终于分手。1914 年爱因斯坦携全家到柏林就职，不久米列娃就带儿子返回苏黎世，二人从此分居，并于1919 年 2 月离婚。离婚时，爱因斯坦承诺，如果自己获得诺贝尔奖，将把奖金全数交给米列娃，他后来履行了这个承诺，但这并不能消除米列娃的痛苦。离婚那年的 6 月，爱因斯坦与表姐（也是堂姐）艾尔莎结婚。艾尔莎的母亲是爱因斯坦的姨妈，父亲是他的堂叔，这真是亲上加亲。爱因斯坦的母亲对这门婚事十分满意。艾尔莎与爱因斯坦从小青梅竹马，婚后对爱因斯坦的生活也照料得十分好，有人说他们婚后非常幸福。事实恐怕不完全如此。对这一婚姻最满意的是爱因斯坦的母亲。爱因斯坦本人则觉得艾尔莎太爱出风头，总是想向别人显示自己是爱因斯坦的夫人。爱因斯坦非常羡慕好友贝索的婚姻生活。在贝索去世时，他曾对贝索的家人说：他的婚姻如此成功，而我的两次婚姻都不成功。

再婚后，爱因斯坦与艾尔莎及艾尔莎与前夫的女儿生活在一起。爱因斯坦自己的两个儿子则与米列娃生活在一起，他们的精神深受刺激。爱因斯坦的长子后来成了水利专家，成就平平。小儿子精神分裂，在病院中度过了一生。米列娃晚年也精神失常，最后在孤独和悲凉中去世。

爱因斯坦于 1955 年 4 月 18 日逝世。奥本海默等人按照爱因斯坦的遗愿把他的骨灰撒到了一个保密的地方。

7. 为什么说没有比专利局更适合爱因斯坦的工作单位了？

在爱因斯坦成名之后，一些人开始议论：我们的社会有多么的不公，对于爱因斯坦这样的天才人物，竟然没有一个大学愿意录用他，如果他一开始就能在大学工作，肯定能做出更多的成绩。

后来成为爱因斯坦朋友的数学大师希尔伯特对这样的议论不以为然，他反驳说："没有比专利局更适合爱因斯坦的工作单位了。"他为什么这样说呢？因为专利局事情不多，有充足的空闲时间供爱因斯坦自由支配，而且局长先生为人宽容，他默许这个聪明勤奋的年轻人完成局里安排的任务后，在上班时间搞与本职工作无关的科研。当他得知爱因斯坦发表了高水平的论文时，他不顾这些论文与专利局的本职工作无关，不但当面表扬爱因斯坦，还给他提职加薪。可以说这位开明的局长为爱因斯坦的物理研究开了重要的绿灯。另外，据爱因斯坦自己说，审查专利虽然耗费了一些时间，但那些聪明的设计（大多数是像永动机之类的荒唐但又含有智慧火花的设计）对活跃他的思想也有帮助。

总之，专利局空闲而宽容的环境是大学比不了的，当时欧洲的大学教师都有繁重的讲课任务，或规定的科研任务，不会给爱因斯坦这么多进行自由研究的时间。

8. 在爱因斯坦的成长过程中有哪些值得注意之处？

爱因斯坦不是神童，直到将近 3 岁才开始学会讲话，父母曾对他的智力感到担心。小爱因斯坦沉默寡言，常常独自一人摆弄玩具或其他物件。对身边大人们在做什么毫不关心。他能长时间地集中注意力，这一特点贯穿了他的一生。

5 岁时，爱因斯坦的父亲送给他一个罗盘作为生日礼物。他摆弄了很长时间，对指针在磁场作用下的摆动非常惊讶，这是他第一次表现出对科学现象的极大兴趣。

按照当时德国犹太人的社会风气，中产阶级的家庭常常会接待一个家境贫寒的犹太大学生每周来家里吃一次午饭。来爱因斯坦家的是一位医学院的学生。这个年轻人发现 12 岁的小爱因斯坦对自己随身携带的书籍很感兴趣，于是每次都会带一些书来给他看，书的种类五花八门，既有科普书，也有数学、物理、化学、地质甚至哲学书，小爱因斯坦都表现出极大的兴趣，一边翻阅，一边和这位大学生交谈，平时不爱讲话的小爱因斯坦，很喜欢这个大学生，乐于与他交谈。这位大学生的出现，可能对爱因斯坦的智力启蒙发挥了重要作用。

爱因斯坦小学、中学阶段的成绩并不算差，但也算不上好。有些人强调他成绩还不错，特别是数学较好。不过我们只要注意一下中国自己的小学、中学生就会发现，小学、中学阶段的许多孩子都会有这样的成绩，特别是男孩子，一般数学都不错。所以，不能据此认为爱因斯坦小学、中学阶段成绩优异。这个阶段，他最多只是一个中等偏上水平的学生。这段时间，他值得注意的特点是喜欢独自思考，喜欢看课外读物，并能长时间集中精力。

大学阶段，爱因斯坦继续保持喜欢独立思考的习惯。他基本不去听课，但学习很勤奋，以自学为主，也乐于与同学探讨学习的内容。

大学毕业后，爱因斯坦和几个好友于 1903 年自愿结合组成一个读书俱乐部，他们自己戏称为"奥林匹亚科学院"。爱因斯坦认为这个俱乐部对自己产生了重大影响。他们阅读了许多科学和哲学书籍，并在聚会时进行热烈讨论。这些书中包括后来对爱因斯坦的科研工作明显产生了影响的马赫和庞加莱的著作。

9. 什么是"奥林匹亚科学院"？ 它对爱因斯坦的成长有什么影响？

在专利局工作期间，爱因斯坦与他的几位热爱科学与哲学的好友（先后有索洛文、哈比希特、沙旺和贝索等）组织了一个叫作"奥林匹亚科学院"的读书俱乐部。这是一个自由读书与自由探讨的俱乐部。俱乐部的成员都具有大学文化水平，他们工作单位不同，专业背景也不同，有学物理的，有学哲学的，有学数学的，还有学工程技术的。这几个年轻人利用休息日或下班时间，一边阅读一边讨论，内容海阔天空，以哲学为主（特别是与物理有关的哲学），也包括物理、数学和文学。他们充满热情地阅读、讨论了许多书籍，其中包括马赫的《力学史评》，这本对牛顿绝对时空观展开猛烈批判的书，对爱因斯坦建立狭义和广义相对论都产生了极大的影响。还有庞加莱的名著《科学与假设》，可能还有他的短文《时间的测量》，庞加莱的著作使他们一连几个星期兴奋不已。这些书内容丰富，其中关于"同时性"的定义、时间测量和黎曼几何的描述对爱因斯坦建立相对论可能发挥了重要影响。

爱因斯坦高度评价这个读书俱乐部，认为这个俱乐部培养了他的创造性思维，促成了他在学术上的成就。爱因斯坦曾经提醒一些记者，不要过分渲染他的童年和少年时代，希望他们注意"奥林匹亚科学院"对他的影响。

10. 为什么说 1905 年是爱因斯坦的丰收年？

大学毕业后，爱因斯坦开始了自己的学术生涯。他最初研究毛细现象，然后研究布朗运动、光电效应和时空理论，发表了一系列重要论文。应该说，他发表的论文总数并不算多。1901 年，发表 1 篇；1902 年，发表 2 篇；1903 年，发表 1 篇；1904 年，发表 1 篇。这些论文水平一般，主要是研究毛细管、分子力和统计热力学问题的。1905 年，是爱因斯坦的丰收年，除去博士论文外，爱因斯坦连续完成了 4 篇重要论文，其中任何一篇，都够得上拿诺贝尔奖。6 月，发表了解释光电效应的论文，提出光量子说；7 月，发表了关于布朗运动的论文，间接证明了分子的存在；9 月，发表了题为《论运动物体的电动力学》的论文，提出了相对论（即后来所称的狭义相对论）；11 月，发表了有关质能关系式的论文，指出能量等于质量乘光速的平方 $E=mc^2$，此关系式可以看作制造原子弹的理论基础之一。

爱因斯坦在 1905 年 26 岁时做出的成就，在科学史上，只有牛顿 23～25 岁在乡下躲避瘟疫那段时间取得的成就可以与之相比，那几年被称为牛顿的丰收年。因此，人们称 1905 年为爱因斯坦的丰收年。

11. 提名授予爱因斯坦诺贝尔奖的领域有哪些？

众多科学家向诺贝尔奖评委会建议授予爱因斯坦诺贝尔奖。他们分别提出爱因斯坦在下述领域的工作应该获奖：

相对论、量子论、引力论、布朗运动、光量子、统计力学、临界乳光、比热、数学物理、光电效应、爱因斯坦-德哈斯效应等。

提名最多的领域是相对论，包括狭义和广义相对论。

12. 授予爱因斯坦诺贝尔奖的理由是什么？ 为什么说爱因斯坦未因创立相对论获诺贝尔奖？

瑞典皇家科学院 1922 年授予爱因斯坦 1921 年度诺贝尔物理学奖的理由是：对理论物理，特别是对光电效应定律的发现。瑞典皇家科学院秘书通知爱因斯坦获奖的信中特别指出："但是没有考虑您的相对论和引力理论一旦得到证实所应获得的评价。"

因此，爱因斯坦获得诺贝尔奖的原因是：他对光电效应的研究和他的光量子学说，也包括他对物理学其他方面的贡献，但不包括狭义与广义相对论。

13. 此后颁发的哪些诺贝尔奖与爱因斯坦的成就有关？

到目前为止，已有多项诺贝尔奖与验证爱因斯坦的理论有关。例如：

1926 年诺贝尔奖（授予 J. B. Perrin）的颁发理由是验证了爱因斯坦的布朗运动理论；

1927 年诺贝尔奖（授予 A. H. Compton）的颁发理由是康普顿效应证明了光量子理论；

1951 年诺贝尔奖（授予 J. D. Cockcroft 和 E. T. S. Walton）的颁发理由是验证了质能关系式 $E = mc^2$；

1964 年诺贝尔奖（授予 C. H. Townes，N. G. Basov 和 A. M. Prochorov）的颁发理由是证明和发展了受激辐射（激光）理论；

1993 年诺贝尔奖（授予 R. A. Hulse 和 J. H. Taylor）的颁发理由是间接验证了引力波；

2001 年诺贝尔奖（授予 E. A. Cornell，W. Ketterle 和 C. E. Wieman）的颁发理由是实现了玻色-爱因斯坦凝聚；

2017 年诺贝尔奖（授予 R. Weiss，K. S. Thorne 和 B. C. Barish）的颁发理由是创建激光引力波天文台（LIGO）及直接发现引力波。

其中，质能关系式与引力波的间接和直接发现等三项奖属于相对论的实验验证。康普顿散射实验则既包含对光量子理论的验证，也包含对狭义相对论的验证。因此，爱因斯坦本人虽未因相对论获奖，但相对论这个理论，还是被间接授予了诺贝尔奖。

14. 爱因斯坦怎样看待自己取得成就的原因？

爱因斯坦在取得众多成就之后，曾经说："我没有什么别的才能，只不过喜欢刨根问底地追究问题罢了。""时间、空间是什么，别人在很小的时候就搞清楚了，我智力发展迟缓，长大了还没有搞清楚，于是一直琢磨这个问题，结果也就比别人钻研得更深一些。"

爱因斯坦不认为自己是天才。根究其做出重大成就的原因，有以下几点特别值得注意。

第一，他非常勤奋，而且能够长时间的集中注意力于学习和思考。"能够长时间的集中注意力"这一点，不大为人注意，但却是一般人很难做到的。

第二，爱因斯坦对"奥林匹亚科学院"的高度评价。他曾经对探访他的记者说：你们为什么老问我童年和少年时代受到过什么影响？为什么不问问"奥林匹亚科学院"对我的影响？看来，爱因斯坦认为"奥林匹亚科学院"这个自发组织的、以自由读书讨论为主的科学俱乐部，对自己成长为最伟大的科学家产生过重要作用。

还有一点值得注意的是，爱因斯坦对学校教育评价不高。他认为学校教学方式呆板，对学生管理过严，教师居高临下地对待学生的态度，无助于学生独立精神和创造精神的培养，还会扼杀学生的自信心和学习兴趣。他觉得自己的自由创造精神未被学校教育扼杀掉，实在是个幸运。

可以说爱因斯坦一生对学校教育都没有好印象，只有对阿劳中学的看法是个例外。他回忆道："这所学校用它的自由精神和那些毫不依赖外部权威的教师的淳朴热情，培养了我的独立精神和创造精神，正是阿劳中学成了孕育相对论的土壤。"

15. 爱因斯坦有哪些主要后继者？

众所周知，建立量子论的统帅是玻尔，他创立的哥本哈根学派是创建量子力学的主力。但是，对量子论做出重大贡献的却不止玻尔一人，可以说量子论的成就分属多人。例如，量子论最早由普朗克提出，然后爱因斯坦又把量子论发展为光量子论。玻尔创立的半量子、半经典的轨道量子化学说，极大地解放了人们的思想，把学术界引向量子力学的创建；然后海森伯提出矩阵力学和不确定原理（即测不准关系），玻恩则给出了量子力学的概率解释。另外，德布罗意提出物质波的概念，薛定谔在此基础上创建波动力学，给出著名的薛定谔方程，后又证明自己的波动力学与海森伯的矩阵力学等价。此后狄拉克等人建立起相对论性的量子场论。

与量子论有着众多创建者不同，相对论的创建者只有爱因斯坦一个人。虽然在建立狭义相对论的时候，庞加莱、洛伦兹等已做了许多准备性工作，已经非常接近狭义相对论的发现，但他们都没有迈出关键性的一步。只有爱因斯坦同时坚持了相对性原理和光速不变原理，认识到"同时"的相对性，从而建立起狭义相对论的整体结构。当然，狭义相对论的传播者为数不少，他们在争论中逐渐弄懂了爱因斯坦的相对论并把它传播开来。广义相对论更是爱因斯坦一个人的杰作，在爱因斯坦创建广义相对论时，没有任何人接近这一理论的创立。格罗斯曼和希尔伯特在数学上对爱因斯坦有所帮助，但也是辅助性的。

在相对论建立之后，一些人对这一理论有所发展，例如，史瓦西得到场方程的静态球对称的严格解，弗利德曼得到宇宙的膨胀及脉动解，克尔得到转动轴对称的解等，但这与相对论的宏伟大厦相比，只是一些很小的贡献。

爱因斯坦去世之后，相对论的重大发展主要是黑洞热性质的发现。笔者认为，黑洞热力学建立的意义远远超出了黑洞本身，它揭示了"万有引力"与"热"之间存在深刻的本质联系。这一点是以前人们怎么也想不到的。这一发现的重要意义将在未来几十年中逐渐显现出来。

对黑洞热力学做出重要贡献的是霍金、彭若斯、贝肯斯坦和安鲁。彭若斯与霍金证明了奇性定理，霍金又单独证明了面积定理。贝肯斯坦首先认识到黑洞面积即是黑洞的熵，并认识到黑洞有温度。霍金又证明了黑洞有热辐射，霍金辐射的证明确认了黑洞有真实的温度和熵。与此同时，安鲁发现在真空中做匀加速直线运动的观测者会感受到热辐射，温度正比于他的加速度，安鲁还认识到自己的发现与黑洞的霍金辐射有相同的本质。

爱因斯坦和牛顿是人类历史上两位最伟大的物理学家，霍金则是 20 世纪最杰出的物理学家之一，他是当代爱因斯坦学说最卓越的继承者。

16. 霍金是怎样成长为卓越的学者的？ 他的主要成就有哪些？

霍金诞生于 1942 年 1 月 8 日，正是伽利略逝世 300 周年的那一天。小学、中学时期，霍金的学习成绩并不十分突出，作业不整洁，字也写得不好。但也许是由于他喜欢独立思考的缘故，同学们给他起了个外号叫爱因斯坦。霍金喜欢与要好的同学探讨和争论问题，内容从宗教、神学到无线电、天文、物理无所不谈。他们讨论过宇宙起源是否需要上帝帮助，也讨论过宇宙中遥远星系发生红移的原因。少年时代的霍金不相信宇宙膨胀的说法，认为红移必定是其他原因造成的，如光线在长途跋涉中累了以至于变红。霍金从小就对宇宙表现出极大的兴趣，但学校里的物理课却一点也不能吸引他，他觉得物理课十分枯燥，远比不上化学那么有趣，化学课经常发生一些意想不到的事情，如爆炸之类的事。霍金的父亲则极力主张他学医，或者学生物。但年轻的霍金有自己的主意。他认为物理学比化学、医学、生物学更基本，是最基础的科学。物理学和天文学涉及他感兴趣的那些关于宇宙的基本问题，所以他最终选择了物理作为自己一生的研究领域。

霍金 17 岁考入牛津大学。他觉得理论物理有两个方向可供他选择：一个是宏观的、大尺度时空的宇宙学；另一个是微观的、小尺度的基本粒子物理。他认为基本粒子缺乏合适的理论，虽然科学家发现了许多粒子，但他们做的只不过是和植物学一样把粒子进行分类。霍金对这样的研究不感兴趣。他认为宇宙学已经有了一个很好的理论，即爱因斯坦的广义相对论，因此他选择了这个方向。当时，牛津大学没有人研究宇宙学，于是霍金在牛津毕业后，就到剑桥大学去做研究生。

不幸的是，在剑桥学习的第一年，20岁的霍金，患了严重的不治之症——进行性肌肉萎缩。起初此病发展很快，霍金23岁结婚时，已不得不拄拐杖。但他顽强地与疾病斗争，在物理领域做出一个又一个杰出的贡献。

刚做研究生时，霍金原本想追随著名相对论天体物理学家霍伊尔研究宇宙学。霍伊尔反对伽莫夫提出的宇宙起源于原始核火球的模型，并讽刺该模型为"大爆炸模型"。这个名字后来被学术界沿用了下来。霍伊尔主张"稳恒态模型"，该模型认为宇宙膨胀过程中，不断有物质从真空中产生，宇宙中物质的密度始终保持恒定。霍金对这个模型非常感兴趣，想跟霍伊尔研究，但是霍伊尔不要他，他只好跟了一位原来未曾听说过的西阿玛教授。西阿玛有一个特点，就是不主动管研究生，你愿意做什么研究就做什么。但西阿玛总是在办公室坐着，学生可以随时找到他。对于学生提的问题，西阿玛会给他介绍有关的专家，有关的书籍，也会提一些富有启发性的建议。霍金一开始看不起西阿玛，后来逐渐认识到西阿玛是一位非常适合自己的好老师。他给了霍金充分的时间，充分的选题自由，并给了他最需要的帮助——介绍别的专家。事实表明，西阿玛的确是极好的导师。当前世界上最优秀的相对论专家，几乎有三分之一是他的学生，除霍金外，还有卡特、瑞斯、艾利斯等。

刚做西阿玛的研究生时，霍金仍对霍伊尔的稳恒态宇宙模型感兴趣，常跑到霍伊尔的研究生纳里卡的办公室去，帮他计算。

在计算中他发现霍伊尔的稳恒态模型有难以克服的内在困难，应该否定。霍金博士论文的前一部分，就是证明稳恒态模型不对。博士论文的后一部分是关于奇性定理的。西阿玛把多产的青年数学家彭若斯拉过来研究相对论，又介绍霍金认识了他，霍金从彭若斯那里学到了现代微分几何。当时彭若斯已经给出了奇性定理的第一个证明（针对黑洞奇点）。该定理是说任何一个物理时空都一定存在时间有开始或有结束的过程。霍金在看了彭若斯的证明后，自己给出了奇性定理的第二种证明（针对宇宙学奇点）。不过霍金最初的证明有漏洞，后来他又重新给出了完美的证明。霍金从此展开了他的研究生涯。

在与彭若斯一起证明了奇性定理之后他又独自证明了黑洞面积定理。

霍金的最大成就是证明了黑洞有热辐射，从而确认了黑洞有温度。这种辐射，后来被称为霍金辐射。霍金辐射的发现和黑洞温度的确认是黑洞研究的重大突破，也是时空理论的重大突破。它表明"万有引力"和"热"这两种原本被认为风马牛不相及的东西，存在深刻的本质联系。霍金的老师西阿玛声称，霍金的重大发现，使他成为 20 世纪最伟大的物理学家之一。西阿玛还说，自己对广义相对论研究有两个重大贡献，第一是培养了霍金这个学生，第二是动员了数学家彭若斯来研究相对论。

糟糕的是霍金的病发展很快，不久就不能行走了。他坐在特制的小车上，用手按动小车上的按钮前后行走。他把书和杂志复印后在一个长条桌上一张张铺开，然后驱动小车慢慢移动，边移边看。他说话越来越困难，只有他的妻子、学生、私人医生和护士可以听懂他的讲话，后来他们不得不给他装了个电子发声器。

唯一健全的是他的大脑，不仅健全，而且超常。他不好利用纸笔，于是把所有的知识都储存在大脑中，并在那里思考计算，然后口述让助手写在黑板上，与别人讨论。霍金以超常的毅力对理论物理做出了极其杰出的贡献。

霍金在生活上非常乐观。他患病初期，还参加划船比赛，他已无力划桨，但坚持掌舵。全身瘫痪后，仍去参加舞会，他把电钮一按，小车高速旋转，不小心轧了别人的脚趾。有一次，他从一个山坡下来，故意开玩笑让小车往下冲，"结果我们的这位引力专家，被万有引力一下子抛进了路边的花丛里"。1985年霍金来中国访问，曾到北京师范大学讲学。他坚持要看举世闻名的长城，几个中国学生把他连人带车抬上了居庸关。后来，他又两次访问中国，并先后在中国科技会堂和人民大会堂向公众发表科普演讲，深受中国人民的敬仰。

愉快的霍金早已突破了医生预言的寿命界限，他的思想仍然在爱因斯坦的弯曲时空中翱翔。

霍金不赞同爱因斯坦对量子力学的看法。针对爱因斯坦"上帝不掷骰子"的说法，他反驳道："上帝不仅掷骰子，而且有时还掷到人们看不见的地方去了。"那看不见的地方，就是黑洞。

主要参考文献

［1］爱因斯坦 A，等. 相对论原理. 赵志田，刘一贯，译. 北京：科学出版社，1980.

［2］爱因斯坦 A. 狭义与广义相对论浅说. 杨润殷，译. 上海：上海科学技术出版社，1964.

［3］刘辽，费保俊，张允中. 狭义相对论. 2 版. 北京：科学出版社，2008.

［4］方励之，李淑娴. 力学概论. 合肥：安徽科学技术出版社，1986.

［5］郭硕鸿. 电动力学. 2 版. 北京：高等教育出版社，1997.

［6］曹昌祺. 电动力学. 2 版. 北京：人民教育出版社，1962.

［7］赵凯华，罗蔚茵. 新概念物理教程：力学. 北京：高等教育出版社，1995.

［8］梁绍荣，管靖. 基础物理学（上册）. 北京：高等教育出版社，2002.

［9］张元仲. 狭义相对论实验基础. 北京：科学出版社，1994.

［10］李鉴增，狄增如，赵峥. 近代物理教程. 2 版. 北京：北京师范大学出版社，2006.

［11］梁灿彬，周彬. 微分几何入门与广义相对论. 2 版. 北京：科学出版社，2009.

［12］俞允强. 广义相对论引论. 北京：北京大学出版社，1987.

［13］刘辽，赵峥. 广义相对论. 2 版. 北京：高等教育出版社，2004.

[14]刘辽，赵峥，田贵花，等. 黑洞与时间的性质. 北京：北京大学出版社，2008.

[15]方励之，鲁菲尼 R. 相对论天体物理的基本概念. 上海：上海科学技术出版社，1981.

[16]何香涛. 观测宇宙学. 北京：科学出版社，2002.

[17]李宗伟，肖兴华. 天体物理学. 北京：高等教育出版社，2000.

[18]徐仁新. 天体物理导论. 北京：北京大学出版社，2006.

[19]Lineweaver C H，Davis T M. Misconceptions about the big bang. Scientific American，2005(3).

[20]吴鑫基，温学诗. 现代天文学十五讲. 北京：北京大学出版社，2005.

[21]赵峥. 黑洞与弯曲的时空. 太原：山西科学技术出版社，2000.

[22]史蒂芬·霍金. 时间简史. 许明贤，吴忠超，译. 长沙：湖南科学技术出版社，1992.

[23]罗杰·彭罗斯. 皇帝新脑. 许明贤，吴忠超，译. 长沙：湖南科学技术出版社，1995.

[24]史蒂芬·霍金. 霍金讲演录. 杜欣欣，吴忠超，译. 长沙：湖南科学技术出版社，1994.

[25]史蒂芬·霍金，罗杰·彭罗斯. 时空本性. 杜欣欣，吴忠超，译. 长沙：湖南科学技术出版社，1997.

[26]方励之，褚耀泉. 从牛顿定律到爱因斯坦相对论. 北京：科学出版社，1981.

[27]陆埮. 宇宙——物理学的最大研究对象. 长沙：湖南教育出

版社，1994.

[28]王永久. 空间、时间和引力. 长沙：湖南教育出版社，1993.

[29]赵峥. 探求上帝的秘密. 北京：北京师范大学出版社，2009.

[30]赵峥. 物理学与人类文明十六讲. 北京：高等教育出版社，2008.

[31]约翰-皮尔·卢米涅. 黑洞. 卢炬甫，译. 长沙：湖南科学技术出版社，2001.

[32]基普·S. 索恩. 黑洞与时间弯曲. 李泳，译. 长沙：湖南科学技术出版社，2000.

[33]伊戈尔·诺维科夫. 时间之河. 吴王杰，陆雪莹，闵锐，译. 上海：上海科学技术出版社，2001.

[34]保罗·戴维斯. 关于时间. 崔存明，译. 长春：吉林人民出版社，2002.

[35]郑庆璋，崔世治. 相对论与时空. 太原：山西科学技术出版社，1998.

[36]邓乃平. 懂一点相对论. 北京：中国青年出版社，1979.

[37]陈应天. 相对论时空. 庆承瑞，译. 上海：上海科技教育出版社，2008.

[38]昂利·彭加勒. 科学与假设. 李醒民，译. 北京：商务印书馆，2006.

[39]昂利·彭加勒. 科学的价值. 李醒民，译. 北京：商务印书馆，2007.

[40]吴国盛. 时间的观念. 北京：中国社会科学出版社，1996.

[41]郭奕玲，沈慧君. 物理学史. 2 版. 北京：清华大学出版社，2005.

[42]宁平治，唐贤民，张庆华. 杨振宁演讲集. 天津：南开大学出版社，1989.

[43] 亚伯拉罕·派斯. 爱因斯坦传. 方在庆，李勇，等，译. 北京：商务印书馆，2004.

[44]乔治·伽莫夫. 物理学发展史. 高士圻，译. 北京：商务印书馆，1981.

[45] 张轩中. 相对论通俗演义. 桂林：广西师范大学出版社，2008.

[46]Mcevoy J P, Zarate O. 史蒂芬·霍金. 李精益，译. 广州：广州出版社，1998.

图书在版编目(CIP)数据

相对论百问/赵峥著. —3 版. —北京：北京师范大学出版社，2020.8

（牛顿科学馆）

ISBN 978-7-303-25363-0

Ⅰ. ①相… Ⅱ. ①赵… Ⅲ. ①相对论－普及读物 Ⅳ. ①O412.1-49

中国版本图书馆 CIP 数据核字（2019）第 263941 号

营 销 中 心 电 话 010-58802181　58805532
北师大出版社高等教育分社微信公众号　新外大街拾玖号

出版发行：北京师范大学出版社　www.bnupg.com
　　　　　北京市西城区新街口外大街 12-3 号
　　　　　邮政编码：100088

印　　刷：北京盛通印刷股份有限公司
经　　销：全国新华书店
开　　本：890 mm×1230 mm　1/32
印　　张：6.25
字　　数：150 千字
版　　次：2020 年 8 月第 3 版
印　　次：2020 年 8 月第 3 次印刷
定　　价：45.00 元

策划编辑：尹卫霞　周益群　　　　责任编辑：欧阳美玲
美术编辑：李向昕　　　　　　　　装帧设计：李向昕
责任校对：康　悦　　　　　　　　责任印制：马　洁